不能预知未来，那就把握现在

兰乔◎著

中国纺织出版社有限公司

内 容 提 要

全力以赴地努力在今天，才会有更加美好的明天。既然无法预知未来，那就尽量把握好今天，此时此刻，做自己想成为的那个人。

本书以温情励志的笔触道出了生活的迷茫和无奈，阐述了“把握今天”的重要性，与其在迷茫中踌躇不前，不如在奋进中向前冲，这将为茫然无措的现代人指明前行的方向——努力把握好今天。

图书在版编目（CIP）数据

不能预知未来，那就把握现在／兰乔著．--北京：中国纺织出版社有限公司，2020.7

ISBN 978-7-5180-7232-3

Ⅰ.①不… Ⅱ.①兰… Ⅲ.①人生哲学—通俗读物 Ⅳ.①B821-49

中国版本图书馆CIP数据核字（2020）第050663号

责任编辑：闫　星　　责任校对：韩雪丽　　责任印制：储志伟

中国纺织出版社有限公司出版发行

地址：北京市朝阳区百子湾东里A407号楼　邮政编码：100124

销售电话：010—67004422　传真：010—87155801

http://www.c-textilep.com

中国纺织出版社天猫旗舰店

官方微博http://weibo.com/2119887771

三河市宏盛印务有限公司印刷　各地新华书店经销

2020年7月第1版第1次印刷

开本：880×1230　1/32　印张：6

字数：125千字　定价：39.80元

前言

莎士比亚曾说："抛弃时间的人，时间也会抛弃他。"如果你虚度了今天，那今天也会抛弃你；而一旦你被今天抛弃了，那自然就不会有好的明天。既然我们无法预知未来，那就把握好现在。只有过好现在，你才能拥有更美好的未来。

昨天是我们无法挽留的过去，因为已是过眼云烟；明天是我们无法预知的未来，因为缥缈无间。那么，我们最应该抓住的是今天，只有过好今天，才可以奠定美好明天的基础。每一天的时间总是如流水，往往在我们不知不觉中悄然离去，不留一丝痕迹。古人云："少壮不努力，老大徒伤悲。"今天不好好努力，明天必然是悲伤的。许多人总习惯把今天的事情拖到明天，结果"明日复明日，明日何其多，我生待明日，万事成蹉跎"，荒废了今天，也就等于蹉跎了明天。抓住今天的分分秒秒，在有限的生命中完成更多有意义的事情，用汗水和辛勤填满每一天的空闲；珍惜今天的每一分每一秒，把生活安排得井井有条，这样我们才不负光阴，不负人生。

不埋首于远昔的过去，不仰望于遥远的名头，把握现在吧。是的，每个人都有过去，或因过去遭受打击而失意，或因一事无成而一蹶不振，或沉溺过去无法自拔。每个人都有属于自己的生命轨迹，有着不为人知的过去，只有把握现在，人生才有无限的可能。人生是一场难得的修行，辛勤耕耘，不要轻易交白卷。哪怕遭遇了挫折和困难，只要不气馁，不妥协，人生的下一个出口，就在前面等你。

人生总是在你不能积极把握现在的时候，使你最终丧失了明天。尽管，人生之路比较难走，但如果你畏惧困难，会难上加难。面对一闪即逝的时间，我们需要积极奋进，发挥出最佳的效能，才能靠近明天的理想，摒弃得过且过的思维方式，不要过着安逸的生活，即便深陷泥沼也依旧遥望星空。哪怕无法选择环境，甚至没有力气改变环境，但我们还可以努力使自己不做一个庸庸碌碌的人。

作者

2019 年 12 月

目录

第01章 人生是一场自己与自己的较量

人生是一场自己与自己的较量，生活中我们很多时候都要努力做好自己，这自然是一个自我斗争的过程。我们在向前奔跑的过程中，学会自己战胜自己，这样才可以让自己获得长足的进步。

战胜自己，便能战胜一切

在这个世界上，最了解你的人就是你自己，人生中最大的敌人同样是自己，一切困难的产生都源自我们的心中，当你明白所有的折磨和障碍全部是自己制造的时候，我们就要真正地克服它、战胜它。人生最大的敌人是自己，只要战胜了自己，就跨过了你人生中最大的栅栏。

孟子说："天将降大任于斯人也，必先苦其心志，劳其筋骨，饿其体肤，空乏其身……"上天折磨我们正是要降我们以大任。如果我们在折磨中能够保持乐观的心境，磨炼更加坚强的意志，那等到大任到来的那一天，我们才会更加从容淡定，沉着应对。如果我们一直待在安乐窝里，那么，面对大任，我们就会感到茫然无措，面对大任中的困难我们就会退却，失去成大事的基本素质。所以，面对折磨我们要锻炼更坚强的意志。

折磨分为两个方面，一方面是你的肉体、心灵实际受到的折磨，另一方面是你的内心对这种的感知程度。我们内心的屈辱、恐惧、绝望就是一个放大镜，它会将你受到的实际折磨无限扩大，直到觉得无法承受。

恐惧源于想象，折磨源于内心。内心的屈辱感、对现实的恐惧、对未来的绝望更能折磨一个人。世界上自杀最多的人是诗人、画家，哲学家，并不是因为他们面对了更多的折磨，而是他们感知折磨的心最敏感。内心不敏感，不足以捕捉生活中的异相，成就作品，内心过于敏感，就更容易感知痛苦、折磨，更容易厌世、轻生。

在非洲中部地区干旱的大草原上，有一种体形肥胖臃肿的巨蜂。巨蜂的翅膀非常小，脖子也很粗短。但是这种蜂在非洲大草原上能够连续飞行250千米，飞行高度也是一般的蜂所不能及的。平时藏在岩石缝隙或者草丛里，一旦有了食物立即振翅飞起。尤其是当它们发现一个地区气候开始恶劣，就要面临极度干旱的时候，它们会成群结队地迅速逃离，向着水草丰美的地方飞行。而其他的蜂类就不同了，一旦遇到恶劣的天气，成千上万的蜂往往束手无策，在顷刻之间就无影无踪了。这种强健的蜂因而被科学家们称为“非洲蜂”。

但是科学家们对于这种蜂却充满了无数的疑问。因为根据生物学的理论，这种蜂体形肥胖臃肿而翅膀却非常短小，在能够飞行的物种当中，它是飞行条件最差的。如果按照飞行条件来说，它还不如鸡和鸭鹅优越。尤其在蜂的大家族里，它更是身体条件最差的。而根据物理学的理论，它的飞行就更是不可思议的事情了。再根据流体力学，它的身体和翅膀的比例是根本不能够起飞的！

按照科学家的理论，这种蜂不要说自己起飞，就是我们用力把它扔到天空去，它的翅膀也不可能产生承载肥胖身体的浮力，会立刻掉下来摔死。可是事实却恰恰相反，它不仅不用借助我们的力量，它完全依靠自己的力量飞行，而且是飞行队伍里最为强健，最有耐力，飞行距离最长的物种之一。科学家们从来没有遇到过对科学这样残酷的挑战。因为在这个小小的物种面前，所有关于科学的经典理论都不成立。

人生最大的磨难，不是生活给了你多少折磨，而是你的内心怎样对待它。只要我们拥有宽广的心胸，坚强的意志，乐观的精神，就能够笑着面对任何苦难和折磨，就能把折磨我们的地狱变成天堂。

一个人最大的敌人就是自己，最大的折磨，就是内心的感知。这并不是要我们麻木无知，而是要我们锻炼心理的承受能力。既然折磨是我们人生中不可缺少的一部分，那就让自己享受折磨，在折磨中变得更加坚强，更加沉着和成熟，收获更加坚韧丰富的人生。

因此我们面对折磨要有宽广的心胸。俗话说“心底无私天地宽”。拥有更加宽广的心胸，才能够更加客观地看待生命中的折磨。知晓它是每个人的生命中，必定经历的，不可缺少的，我们就能够更加坦然地去面对它。

心胸宽广的人不会执着于眼前的折磨困境，他们的眼界更远大，他们心里装的不仅仅是个人的利弊得失，而是着眼于所有人生命中的磨难。那么，相对于所有人的磨难来说，自己受到的折磨只不过是过眼云烟。耶稣身受钉十字架之苦，想的却是用自己的痛苦担起天下人的罪孽。因此，他丝毫不以为痛，不以为苦。

很多革命先烈也以解除天下百姓的痛苦为己任，即使把牢底坐穿也丝毫不能动摇他们的决心。革命先烈瞿秋白被捕以后，虽然身在牢狱，但依然为看管他的狱卒的母亲治好了缠绵已久的病。这样宽广的心胸，怎么可能为个人的一点得失，受到一点折磨，就灰心丧志，以为人生无望呢？

虽然今天，平凡如我们没有救国救民的大志，但也不要以自己为中心，受到一点磨难委屈，就以为世界末日降临，生活暗淡无光，人生再无意义。让心胸宽广一点，再宽广一点，就会更加从容淡定，少受外界折磨的影响。

启示

一颗乐观充满希望的心灵，即使身处磨难重重的地狱，也能够开垦出人生的伊甸园。在我国的那些特殊时期，也不乏每天含一口水，解救快要旱死的小草的故事。那些小草、菜园，就是我们希望的载体。有了对未来的希望，就能让我们对苦难甘之如饴。

勇士，敢于直面惨淡人生

如果我们惧怕人生中的磨难，不敢面对现实，那我们的人生中就只剩下了“逃避”。鲁迅先生曾说，“真正的勇士敢于直面惨淡的人生”。我们也要学会面对现实，生活中充满了磨难和陷阱，这个世界也不是十全十美的，也有它黑暗的一面，我们要敢于承认这样的现实，更要对这个世界充满希望。这样，我们才能更客观更冷静地对待折磨。我们才能跌得有尊严，不哭泣，才能够在跌倒中迅速爬起，寻找世界上的光明，寻找我们人生的意义。

面对折磨，逃避没有任何意义，也没有任何结果。磨难是一个软弱的行刑者，如果你哭泣着躲避，他反而折磨得你更厉害，他喜欢看犯人们的哭泣，求饶，哀号，投降。相反，你咬紧牙关，无畏地迎上去，他反而会觉得这种折磨很没意思，很无聊，甚至被你的无畏镇住了，吓住了。也许他会选择放过你，也许你会继续受到鞭打，不过这种鞭打迟早会结束，你会在这种鞭打中赢得尊严，赢得敬佩，赢得钢筋铁骨。

阿法朗诗曾说：“我坚持我的不完美，它是我生命的真实本质。”生活中，大多数人所梦想的人生太理想，他们终生都在寻找最“理想”的人生，然后，日子就在这种寻找中如白驹过隙般地流走了。与其追求理想的人生，不如把握眼下真实的生活。

每个人在某个时刻都会面临绝境，但是，它往往不是真正的生命绝境，而是一种精神和信念的绝境。只要你充满智慧，我们也能够绝处逢生。在人生的道路上，也许我们并不能预知危难的来临，但是，危难却不是不可战胜的，只要我们怀着必胜的信心，冷静思考，运用自己的智慧一定能够摆脱险境。

也许，有人说危难伴随着痛苦，令自己悲痛却无力摆脱，其实，在危急时刻，智慧与危难是并生的，我们可以利用智慧来使自己脱离险境。当危难来临，最需要的就是智慧，我们要以最大的毅力来驱除内心的恐惧。因为，在关键时刻，越是冷静危险就越小，生还的可能就越大。

理想人生是一座心中的宝塔，你可以在内心中向往它、塑造它、赞美它，但是你万万不可把它当作一种现实存在。因为太理想的人生，往往会失去它的真实，而你最终只会陷入无法自拔的矛盾之中。人生本是真实的、简单的，而偏偏有许多人对生活的幻想超出了生活本身，假意装点生活，希望生活变得如同橱窗里的塑料花一般，十全十美。孰料，那塑料花只是装饰品，它没有生命，自然不具备真实，虽然，它看起来很精致，但少了花香，少了露珠，缺少生物应有的生气，更缺少生命经历之后的真实。

人生路上纵使有太多的障碍，但一定要勇敢跨过，只有这样，我们才能真正成为成功者。人只有在最关键的时刻，去面对自己难以面对的难题，用智慧跨越障碍，才能迈过这一关，才能超越自己，成就自己。

我们从来都不要怀疑智慧的力量，特别是在危难时刻。当遇到危急情况的时候，如果能沉着冷静，勇敢果断，那么奇迹就会在我们身上发生。也许，危难是我们无法预料的，但是，我们却可以用智慧来改变它，跨越障碍，使自己转危为安。

在生命的长河里，总有我们无法预料的危险时刻，但是，人与人之间的不同往往在于他们的反应：有的人在危难面前沉着冷静，运用智慧应对了危难；有的人面对危难惊慌失措，感到大祸临头了，放弃了最后一丝希望。于是，智者战胜了危难，而愚者只能在危难中等待灭亡。危急时刻，别忘了运用智慧！

遇到危急时刻，不要忧郁沮丧，无论发生什么事情，无论自己遭遇了多么大的痛苦，都不要沉溺其中无法自拔。危难时刻，我们需要勇气战胜困难，以顽强的意志摆脱危境，我们更需要智慧来引导自己的言行，这样我们才有必胜的希望。

哲人告诉我们：智慧与危难并生，智慧是战胜危难的最大利器。雨果说："人逢危难总是有一个成败攸关的时刻。"其实，这个关键时刻就是智慧与危难较量的时刻，而任何危难都将被智慧战胜。

追求理想的人生是人类正常的渴求，同时，也是人类最大的悲哀，因为现实生活中"理想"这个字眼的诞生原本就伴有缺憾。在这个世界上，并不存在太理想、太完美的事物，如果你一味地追求理想的茧一层一层地套在身上，那么，你最终也将死在这重重的包裹之中。永远不要将生活理想化，否则，你将陷入无法自拔的矛盾之中，最后也只能在哀叹中终老而死。

美不是伪装，而是真实的释放。真实的东西总会打动人，就像那些花儿，虽然它会凋零，可我们还是喜欢它是真的。而那些假花，即使再好看，人们也不喜欢。生活中，假象因为缺乏真实的基础而原形毕露，唯独有真实相伴。真实是一种客观事实，是事物的本质属性，是人们对于事物感知后的一种理性思考。

当然，追求理想、完美的人生，这并没有错，但前提条件是你必须做得踏实。抛开心中的烦躁，不要好高骛远，踏踏实实，一步一个脚印，领悟生活背后的真实，你才能体会到生活的真谛。而生活的真谛就在于真实，不是虚无缥缈，而是精彩纷呈。许多人忽视了生活的可塑性、真实性，他们所谓的理想已经被极端化了，因为缺少了真实，生活便成为一潭死水。

生活常常强加给我们很多不如意的事，与其哭着躲避，不如笑着面对。

对于平凡的我们来说，不喜欢职场，回家种地去；不喜欢商场，打工为生去；不喜欢官场，隐居山林去就是一个笑话。我们没有那样的环境，更没有那样的资本，时时想着隐退，就是一种幼稚的想法。每个人都有不喜欢的人，不喜欢的事，不喜欢承受的世情，但我们只有执着地面对它们，才能成就大的人生。

启示

“生活中，不如意事十之八九”，那如意就只剩下一二，我们要常想一二，才能够苦中作乐；我们要笑面八九，才可能把生活这杯酒吞下去。生活就是一杯酒，苦、辣才是它的主味，只有在慢慢回味中才有一丝丝甜头，但只要你喝下它，腹中就会升起一股暖意，帮你抵挡外界的风寒。

你怕不怕，就此平庸过完一生

哲人说，一个人最大的敌人是自己，人有时最难突破的，就是自身的局限性。很多时候，一个处于困境中的人往往比那些已经取得温饱的人更有作为。想迈开脚步大干一场，又不舍得抛开自己现有的温饱的保障，如此瞻前顾后，必定无所作为。

在《钢铁是怎样炼成的》一书中，主人公保尔·柯察金说道：“人最宝贵的就是生命，生命对于每个人来说只有一次。人的一生应该这样度过：回首往事，他不会因为虚度年华而悔恨，也不会因为碌碌无为而羞愧。”一个人最糟糕的就是庸庸碌碌地度过一生。

“庸庸碌碌”这个词，包含着两层含义。“庸庸”是指平庸的，没有目标，或有目标无计划的生活；“碌碌”是指忙忙碌碌但是却没有成果，没有作为，整天都在忙，没有闲暇。那么庸庸碌碌都有哪些表现呢？第一，没有人生目标，无事忙。第二，没有生活热情，乐趣少。第三，对生活控制能力差，无聊，常常陷入空虚之中。

如果你惧怕这种煎熬、这种锥心的痛苦，你就会借酒消愁，麻痹自我，逃避现实。我们要做的就是让自己从自我麻痹中迅速地清醒过来，让这种锥心之痛来锻造我们，战胜自我，提升自我。学会更多的处世技巧，重新追求光明的生活。

面对生活中的磨难，我们不妨像高尔基诗篇中的海燕一样高喊一声：“让暴风雨来得更猛烈些吧！”这才是真正的勇者。

命运是一个人一生所走完的路，是一个人用一辈子所完成的作业。许多人认为，命运是天注定的，是不可以改变的。但是，智者说，命运不过是人生的方向盘，驶往哪个方向它掌握在每个人自己的手中。当然，一个人要想改变自己的命运，他需要有思想、有想法，因为命运的轨迹是由想法铺筑的。

给自己一片没有退路的悬崖，从某种意义上来说，正是给自己一个向生命高地发起冲锋的机会。当一个人面临后无退路的境地，人才会集中精力奋勇向前，从生活中争到属于自己的位置。出路还没打探明白的时候，就开始筹划退路，这势必会影响他们开拓新生活的冲劲，进三步退两步，其生活很难有根本性的改变。

哲人说：“要么你驾驭生命，要么生命驾驭你，你的心态决定你是坐骑还是骑手。”那些驾驭生命的人，他们就像《老人与海》里的那位老人一样，可以被消灭却不可以被打败。在成长的道路上，不要去想是否能够成功，既然选择了远方，便只顾风雨兼程。命运的敲门声已经响起，那么，我们就要用自己的手扼住命运的咽喉。

一个不轻言放弃的人，世间所有的困难都会为他让道。那些轻言放弃的人，无疑是自己打败了自己。在这个世界上，我们不可以被任何人打败，除了自己。或许，我们不能改变际遇，却可以掌握自己；我们无法预知未来，却可以把握现在；我们不能延长生命的长度，却可以拓展生命的宽度。把命运交给自己，我们就是命运的主人。

禅师用短短的几句话，一个动作就解决了至今许多人一直没有弄明白的难题。培根说："不容否定，一些偶然性常常会影响到一个人的命运——如长相漂亮、机缘凑巧、某人的死亡，以及施展才能的机会等；但人之命运也往往是由人自己造成的。正如古代诗人所说：'每个人都是自身的设计师。'"

在生活中，我们经常听到这样的说法：人的命，天注定。生不逢时、命运不济，等等。这样一些对命运的悲观论调在不少人的脑子里已经根深蒂固了，他们好高骛远，仰人鼻息，最后，他们只能成为命运的坐骑。所以，放平心态，从一木一石做起，做好自己的事，走好自己的路，自己救自己，自己改变自己的命运。

你经常感到疲惫吗？你经常对自己的未来感到迷茫不知所措吗？你在工作中感觉不到乐趣吗？你经常陷入空虚和绝望吗？你经常陷入杂乱无章的冥想吗？你做事没有章法，经常陷入混乱吗？如果你的生活没有章法，常常陷入一片混乱之中；如果你感到每天都有做不完的事，但每一件事，却没有明显的成果。那么，你正在过一种无效起码是低效率的生活，也就是庸庸碌碌的生活。

那些刚刚走出校门的学生，多数都怀有远大的理想。但在社会上打拼几年之后，特别是那些没有较大发展的人，他们渐渐感受到衣食住行等实际需要的重要性，在获得了一个稳定的饭碗时，往往就会在时间的消耗下失去进取的锐气，无奈地满足眼前的一切。

启示

命运是掌握在自己手中的，这个世界的任何事情，都没有捷径。因为，上帝在给予你成功的同时，也会给你成功之路设置各种陷阱，如果畏惧了，也就跌倒了，你便会和成功失之交臂。相反，如果你能坦然面对这些坎坷，不屈不挠地向前走，成功之门则会为你敞开。

想征服世界，就不断修炼自己

一个人如果想取得一番成就，实现心中的梦想，就必须下决心克服自己身上的那些弱点和缺点，尽可能弥补缺陷，修炼自己的心灵，完善自己的人格，才能成就人生的理想和事业。每个人都有另外一个我，深深地藏在心中，不为人知，这就是真实的自己。如果人们想找回真正的自己，需要不断完善自己，克服弱点，这样才能真正成为自己。

想征服世界，就需要不断地进行自我完善。人生就是一个不断完善和超越自我的过程，即使我们不可能凡事做到尽善尽美，但是，我们应该努力让自己更好一点，努力去追求完美。只有努力向前了，生活才会给予你相同的回报。

俗话说："尺有所短，寸有所长。"我们只有真正了解自己的长处与短处，才能避己所短，扬己所长，这样才能给自己的人生进行准确定位。因为，当我们认识到自己的不足之处时，不断完善自己的同时，也就是进步的开始。

在美国第一任总统华盛顿的纪念碑旁竖着一块小石头，上面这样写着："美国不建立贵族和皇室封号，也不要世袭制度，国家事务概由人民投票公决。"这几句话表达了美国人民追求民主、自由、幸福的强烈内心愿望，即使美国已经完全独立了，但它依然需要人民的支持与监督。

在生活中，我们每个人都有自己的不足之处，只有不断地学习别人的长处，弥补自己的不足，我们才能完善自己的缺陷，努力让自己更好一点。当然，如果你认为完善自己，向他人学习是一件丢脸的事情，那么，更丢脸的是自己不明白却装作很懂的样子。

如果一个人只看到了别人的缺点，却看不到别人的长处，乞丐也不会尊重他。俗话说："三人行必有我师。"哪怕是一个乞丐，他身上也同样有值得我们学习的地方。自我完善就是一个不断学习的过程，只要我们善于学习，能看到别人的长处，懂得取他人所长补己之短，努力使自己更好一点，那么，总有一天会成为一个成功者。

在生活中，无论遇到什么样的人，我们都应该主动去倾听对方的想法和建议，在这一过程中，你会发现自己总能从别人的意见中受到启发，能够学到一些利于自己成长的经验。我们永远要记住"山外有山，天外有天"，从对方身上虚心地学习自己没有的优点，能够弥补自己的不足，从而完善自己。

一位著名的芝加哥商人这样说，自己需要花一个星期的时间去拜访国内的各同行商店，彼此交换自己对经营的看法，每年总要外出旅行一次，去考察各家著名商店的管理与经营。他认为："要使自己能够站在广阔、不偏的视野上观察自己的素养，要保持自己的事业永不衰败，这种旅行是绝对的必需。"在每一次拜访与旅行中，他不断地完善自己，努力使自己的商店更好一点。试想，假如一个人不出自己的店门一步，不同其他商人交流，那么他自己所经营的商店就不会获得进步，永远在原地踏步，直至被社会所淘汰。

没有人在生活达到某一点就表示自己已经满足了，由于市场超越自己，所以赢得了最后的成功。如果我们总是自满自足、不思进取，那么无论是生活还是人生将从此开始衰落。

在这个时代，墨守成规，缺乏勇气的人，迟早会被时代所抛弃。处处求稳，时时都给自己留有退路，这是一种看似安泰实则充满潜在危机的生存方式。

这就是干大事的人的气魄，有退路的人可以随时回避艰险，所以很难保证他前进的决心有多大，而自己把一切撤退的后路都封死，就等于封死了自己瞻前顾后的可能性。美国的企业家协会有这样一句信条：

"我是不会选择去做一个普通人的，如果能够做到的话，我有权成为一位不寻常的人，我寻找机会，但我不寻找安稳。"

事实上，我们中的很多人都在过这样的生活。你对未来有明确的规划吗？你每天都有计划地做事吗？你对自己的工作是了然于胸，有条有理的吗？你很享受自己现在的生活，并且努力追求更好的生活吗？不！我们中的大多数人都不能够做到，或者做得都不够好。正像如果你想增加财富，留住财富，就要学会理财，学会有计划地花钱一样。如果你想自己的人生更加充实，更加有意义，永远朝着更加美好的方向前进，你也要学会打理自己的生活。

人人都会受世情受心灵的煎熬，都会在不同的时期遭到不同的打击折磨。不同的是勇敢的人用笑容去面对，事情不一定解决但也不会更坏；软弱的人用哭泣来面对，但哭泣不能解决任何问题，事情也不会更坏；懦弱的人用厌世来逃避，不但事情不能解决，我们还会得到更糟的下场。

不管在世界的哪一个角落，那些曾经赤手空拳而成功创业的人，血液里都有一种共同的“不安分因子”。切断退路，四处出击，这与中国人传统的“知足常乐”的行为准则不合，于是一些人对世事表现出一种不平的心态，他们既渴望成功，又害怕失败，偏爱坐而论道，缺乏果敢的行动。

山穷水尽的背水一战，常常是富人的必修课程，尽管他们清楚这种决断之后的道路会十分艰险，但是没有这一步，人生就是一潭死水，淹没的是一个人的挑战性和创造性。

当然，大部分人同样明白机遇往往和风险相伴随的道理，只是在他们的理想之中，一直想寻找一个进可攻退可守的山头。事实上，抱着撤退的目的打仗的人，在气势上已先输了一阵，最终也难逃随波逐流，混一口粗茶淡饭的格局。

启示

每天早上起床时，我们要下决心力求每一件事比昨天有所进步。当我们把事情做得比昨天更好些，一段时间以后，你会发现，自己已经取得惊人的进步。

不断磨砺心性，砥砺前行

人生达命自洒脱。意思是，人只有在事情上磨炼自己的心性，才能摆脱内心的那些羁绊，才能在面对困境淡然处之。生活总是无法给予我们全部，不是这里让我们不满意，就是那里让我们不满意，到底是我们要求太高还是生活给得太少？

其实都不是，是因为我们没有良好的心态，每天我们都在计较着自己的得与失，生活在抱怨中越来越暗淡，我们的心情越来越糟糕，最终发现日子真的很难过。与其斤斤计较生活中的得与失，不如敞开胸怀，乐观豁达地生活着，这也是一件生活的美事。

其实，在生活中有很多道理，并不是那么简单，而是需要我们从深层次去理解它。有人认为“平淡才是真”就是淡泊名利，过着平淡的生活，不屑于追求那种轰轰烈烈的人生；还有的人认为平淡地生活，就是要安于现状，不思进取，过完最平凡的一生。实际上，这些理解都是有偏差的，他们只是从表面来理解这句话。

“平淡、从容”是一种生活的态度，这是一种真实的生活，并不是指平凡的生活，更不是一种平庸的生活。繁华落尽不过是一纸的苍凉，灯红酒绿之后不过是漆黑的夜晚，所以，怀着一颗平淡而从容的心来面对每一天的生活，你会发现生活中原来有这么多的美好景色，那只是因为平平淡淡、从从容容才是真。

在人生的路上，有太多的得，也有太多的失，许多人一直都在计较着得与失，所以，每一天都在抱怨、懊悔中度过，在漫漫人生之中，他们没有哪一天是真正的快乐。无声的年华岁月将我们带走，看尽了繁华落尽，我们才会感叹：这一路走来，自己竟然忽视了那么多的美好风景，以前只是拼了命地计较得失，到现在已经没有什么可失去的了，但也从来没有得到过什么。

豁达乐观，不把眼前的得失放在心上，他们坚信：只要拥有一份良好的心态，那些失去的会再回来，那些不想得到的会主动离开，所以，怡然自得，坐在院子里闲看花开花落、云卷云舒，细细数落走来的日子，有那么一大片美好，此生足矣。

对待同一样事物，每个人都有各自的看法是很正常的事。就像人也有两面性一样，问题在于我们自己怎样去审视，怎样去选择。面对太阳，你眼前是一片光明；背对太阳，你看到的是自己的阴影。

平淡、从容才是真，当你有了这样的心态，才会有应对人生的大智大慧，才不会迷失方向，才不会痴迷堕落。得意的时候，你不会浮躁、膨胀；即便在你失意的时候，也不会悲愤、绝望。人生本来就不是一杯白开水，它有着酸甜苦辣，有着喜怒哀乐，只要你有一份平淡、从容的心境，去面对、去迎接，那它就是一种超拔的人生态度，是一种超脱的精神境界。

在每个人的成长过程中，难免会遇到一些坎坷与挫折，遇到一些不尽如人意的事情，此时懂得弯腰，以一种隐忍的沉默来面对，以一份从容的心态去面对眼前的境遇，这就是一种曲中求直的境界，是一种审时度势大智若愚的胸怀。弯腰并没有什么过错，只要你没有丧失志向，就有东山再起的机会。

人生的旅途上，不可能一帆风顺，总是坎坷不平，有高峰，也有低谷，漫步在这样的人生之路，我们肩负着沉重的包袱，压得我们喘不过气来。从小到大，我们被教导着“永远不要趴下，站直了”“做一个顶天立地的人”，但深刻的佛学思想却启发出一个简单而又深奥的道理，那就是学会弯腰。

泰戈尔说：“一棵小草也无愧于养育它的土地。”无论你是谁，都要学会热爱生活，积极面对生活，同时，还需要以一颗平淡而从容的心来对待生活，做到“平淡、从容才是真”。

人的一生，总会面对得与失、升与沉、荣与辱、富贵与贫穷等一些迥然不同的遭遇。如果你只是一个普通人，面对这样的遭遇，心境肯定会大起大落；如果你保持一颗平常心，那么这些遭遇对你来说都是过眼云烟。

一个人深处困境或者遇到不如意的事情，选择逆来顺受，这是暂时的弯腰。每个人都有这样的经验，当你弯腰下去，那么下一个动作就是有力地站起来。这两个看起来很迅速的简单动作，在人生的道路上却显现出不同的姿态。

弯腰，在许多人看来好像很没有骨气，还会让人联想到那些阿谀奉承、溜须拍马的嘴脸，自然还会想到那些宁折不弯的傲然风骨。五柳先生的气节，不为五斗米而折腰；将士们的坚硬，士可杀而不可辱。这些都让人们对“弯腰”嗤之以鼻，而颂扬那宁折不弯的气节。

其实，在很多时候，人们对弯腰都有认识上的误区。韩信曾受胯下之辱，因为弯腰而成就了伟业；勾践卧薪尝胆，因为弯腰而复兴了国家；司马迁受宫刑之辱，因为弯腰而写下了史家之绝唱。即便是那位赫赫有名的刘皇叔，也曾寄人篱下，寻求庇护，因为弯腰而成就了霸业。难道他们都是没有骨气的人吗？

当然不是，真正有骨气的人，是不拘小节，放得下架子，能在适当的时候弯腰，能为了难以忍受的屈辱而弯腰，只有他们才能够成就大事业。所以，当他们懂得了弯腰，就会有力地站起来，因而弯腰是为挺起做准备。

据说，印度的孟买学院是世界上最著名的佛学院之一，这个学院历史悠久，有着辉煌的建筑，也培养出许多著名的学者。另外，孟买学院有一个细节是其他佛学院所没有的，那就是在大门的一侧又开了一个仅有一点五米高四十厘米宽的大门，所有人都能轻易地进入，只要他弯着腰。虽然许多初到学院的人感到不解，但之后就无一例外地承认，这个小小的细节让他们受益无穷。

弯腰，是为了让自己的腰板挺得更直，宁折不弯是值得称赞的，然而，如果只是为了争一口气而宁折不弯，只是为了面子，那就僵化了高尚的气节。弯腰并不是一种耻辱，而是可以激发你的斗志，让你变得越来越强大。弯腰是一种智慧，这样的智慧会伴你走过人生路上的那段风雨，迎来另一番彩虹绚丽的天地！

启示

幸福安乐也好，挫折困难也罢，都能够看得淡，看得透，能够入乎其中、出乎其外，不会痴迷其中，也不会偏执地相信。安静对待得与失，微笑面对荣与辱，永远保持着胜不骄、败不馁的心态，秉承着不卑不亢的生活态度。

第02章 追赶吧，就像没有明天那样去拼搏

生活中，当我们迷茫时，可能别人却在努力；当我们彷徨时，可能别人却在前行；当我们选择放弃时，可能别人仍在坚持。生活不允许你任性，我们所能做的就是追赶吧，就像没有明天那样去拼搏。

不只眼前的苦，还有远方的阳光

如果你只是用狭窄的眼光去看待身边的人和事，最终我们将很难获得成功。相反，假如我们把眼光放长远一些，不被眼前的苦与累吓倒，坚定自己的目标，那么总有一天，我们会站在成功的顶峰。

在现实生活中，在通往成功的路上，我们总会遇到这样或那样的困难与挫折，某些人会心生胆怯，不敢继续向前走，他们难以承受眼前的苦与累，最终的结果是他们在原地踏步，因为他们的眼界只看到了眼前的苦与累，却看不到远方阳光的灿烂，所以他们最后什么也得不到。

童年时期的施罗德曾在杂货铺里当学徒，那时他常说的一句话是："我一定要从这里走出去！"最后他成功了，而且，比自己想象中走得更远。即使，在成功的路上伴随着困难，但是，施罗德从来没有把困难当成一回事，儿时的记忆让他明白：自己必须将眼界放宽，不被眼前的贫穷和困难吓倒，这样自己才能走得更远。

眼前的苦与累又算得了什么呢？再苦再累，那只是暂时的，只要熬过了这段时间，未来的日子是值得期待的，因为苦尽甘来，我们所能尝到的是成功的滋味。

上帝总是让我们尝到快乐与幸福之前，习惯性地给我们一些考验，即便在我们看来这个考验的过程是又苦又累的，但只要我们全力以赴，努力支撑，无论遇到多大的困难与挫折，也选择不放弃，我们就一定能品尝到成功的快乐。

成功是建立在全力以赴，尽职尽责做好日常工作的基础之上的。千万不要小看一些事情，因为它往往是决定成败的关键。在西点军校，西点人向来都是以全力以赴、尽职尽责闻名于世，当他们做完一件事情，不管结果怎么样，先是反问自己：在做这件事的时候，自己是否竭尽全力了？这就是西点人通常的习惯，也因为这个良好的习惯，越来越多的西点人从中受益。

有一家空调制造厂，因为员工一直完不成定额，主管非常着急，他已经用尽了办法，说尽了好话，又是鼓励又是许愿，甚至还采用了“完不成定额，就走人”的威胁手段，可还是没有一丝的效果。他只好向总经理作了如实的汇报。

总经理在主管的陪同下走进了工厂，当时，日班马上就要结束了，总经理问一位工人：“请问，你们这一班在今天制造了几部空调？”“5部。”那位工人回答。总经理没再说话，只是拿了一支粉笔在地板上写下一个大大的数字“5”，然后转身离开了车间。夜班工人接班的时候，看到了那个数字“5”，便问是什么意思，那位准备交班的日班工人详细地作了解释。那个数字“5”，夜班工人越看越觉得刺眼。

第二天早上，总经理再次来到工厂，他看到夜班工人已经把那个数字“5”擦掉，重新写上了一个大大的数字“6”。而日班工人接班的时候当然看到了很大的数字“6”，他们毫不示弱，抓紧时间干活。当天晚上下班的时候，他们在地板上留下了具有示威性的特大数字“9”。逐渐，情况有所好转，而工厂的产量也大幅提高。

如果经理不进行激励机制，工人们只相信自己一班可以制造五部空调，这时的他们觉得一个班制造九部空调是远远不可能的。为什么呢？这是因为人们已经习惯了故步自封，或许说他们在赢得一点成绩之后就会停止向前，满足于自己所获得的成绩，其实，这是一个危险的信号。我们应该明白，人生是没有顶峰的，只有不断地前行，不断超越自己才是生命意义所在。

当我们毫无保留，竭尽全力地去做一件事情的时候，结果往往是成功的。在生活中，这样的例子是很多的，有些事情从表面上看是极其困难的，但只要我们全力以赴，不保留，不妥协，不总是想着自己还有退路，那我们最终是可以成功的。很多时候，我们之所以失败了，不是因为路途太艰难，而是我们丧失了继续前进的勇气，也就是说，我们没有付出全力。

假如想着自己是最优秀的，那么你将是心中永远的第一名；假如习惯与他人比较，总是不敢相信自己、忽略自己、丢失自己，那么或许你就会成为那个一事无成的人。每一个西点人都坚信：每个人都是一座宝藏。其实，这个宝藏就是潜力和能力，不要去比较，只要不懈地挖掘自己的宝藏，积极运用自己的潜能，永做心中的第一名，你就能够做好自己想做的一切，你就能主宰自己的生活。

每个人都有极大的潜能，通常情况下，一般人的潜能只开发了 2%~8%左右，即便是像爱因斯坦那样伟大的科学家，也只开发了 12%左右。有人为此得出了这样一个结论：一个人假如开发了 50%的潜能，就可能容纳 400 本教科书的内容，可以学完十几所大学的课程，还可以掌握二十多种不同国家的语言。如果我们还在努力辩解说“我已经努力了”，那只能说这样的辩解是苍白的，因为仅仅努力还不够，必须全力以赴才行。

那些梦想着成功的人何尝不是经历这样一个过程呢？才刚刚步入社会的青年，必定经过一个漫长而痛苦的时期，在这些日子里，他们必须强忍社会对自己的苛刻以及适应生活的艰苦。

一定要相信自己就是第一名。我们可以去仰慕他人，但是，绝对不能忽略自己；我们可以去相信他人，但最应该相信的则是自己。如果不甘于做平庸者，我们就要摆脱自我怀疑的心理，不盲目比较，相信自己就是心中的第一名。

启示

每当自己快支撑不下去的时候，想一想自己身边的成功人士，他们会觉得从心底生出一种强大的力量，似乎已经看到了未来的自己。就这样，每天把眼光放长远一些，相信凭借着自己坚强的意志力定能拥抱成功。

只有不留退路，才更容易找到出路

只有不留退路，才更容易找到出路。反之，如果你总是想着退路，就很难获得成功。一个人若是太纵容自己的懒惰和欲望，就很容易迷失方向。

或许，有人会说，不留退路是不明智的选择，有了退路，才能在危险的浪潮中获得更多生存的机会，然而，对于大多数人而言，退路往往是诱惑人、蒙蔽人的因子，只要想到了退路，就会觉得这次不全力以赴下次还有机会，而在这个时候，成功往往与我们失之交臂。

一个人做任何事情，心中的意图强烈与否会大大影响最终的结果。西点人认为，做任何事情都是一样的道理，当我们全力以赴，破釜沉舟，就一定能成功。假如我们心中先有预想，万一失败了，已经找好了退路，那么成功就比较困难。

或许我们每个人都听过鹰的故事：在空中自由翱翔的鹰是美丽的，不过，当它们还是幼鹰的时候，过着十分残酷的生活。母鹰为了让它们学会飞翔，一次次将它们从高处的树枝或悬崖扔下，退缩胆小的雏鹰跌落在地面，展翅飞翔的雏鹰死里逃生。而在雏鹰成年的时候，母鹰更是残忍地折断它们的翅膀，从悬崖上扔下，不给雏鹰留下任何退路，当雏鹰忍受剧痛，拍翅飞翔，它们便成为真正的鹰。雏鹰的成长过程，其实就是西点人的成长过程。

在现实生活中，做任何事情，都要勇往直前，而不是畏首畏尾。如果你总是担心这个或那个，犹豫不决，迟迟不肯做出行动，那我们只能远离成功。所有的成功人士，在面对自己梦想的时候，他们总是全力以赴，竭尽全力，从不畏首畏尾，也不会犹豫不决，因此，他们中的大多数最终赢得了属于自己的成功。

生活中，有许多怀揣着梦想的年轻人，最初的他们朝气十足，但在追逐梦想的过程中，他们害怕了，不敢继续拼搏，结果因缺乏勇气而与梦想失之交臂。其实，梦想的实现需要勇敢的拼搏，这样我们才能做那个自己想做的人。

人生从来不会给你第二次选择的机会。在追逐成功的路途中，如果我们选择了后退，选择了迟疑，那我们就会永远输掉。

启示

当我们不断地抱怨上天不公平时，却忘了自己常常因怯弱和畏惧的心理而放弃继续前进，最终导致与成功一次次擦肩而过。其实，只要我们克制胆怯心理，勇往直前，不畏首畏尾，我们就可以赢得成功。

为了心中的梦想，开拓自己

爱默生曾说：“你，正如你所思。”如果你想成就自己，先要学会勇敢地开拓自己，这样才能向人们呈现出完美的自己。每个成功人都是勇敢的，他们对自我通常会有一种积极的认识和评价，即便在认清自己的现状之后，一样可以保持奋勇前进的斗志，而这也是他们必须依赖的精神动力。

对于每一个成功者而言，做自己想做的人，开拓自己的人生就是那么简单，只要勇敢向前，我们就一定能够成就自我。

俗语说得好，付出不一定有回报。很多时候，我们的付出应该是无私的，我们所付出的东西并不一定会让自己得到同等价值的东西。如果你仅仅为了得到回报才想到去付出，那这样的结果是悲哀的。我们只是在进行一项功利性的交易，这样的界定会让我们产生一种感觉：当我们在付出的时候，总会小心翼翼地计算自己的损失，是否可以得到回报。如果我们的计算是弊大于利的，我们就会减少付出的时间和精力，甚至会停止付出。

当我们还在计算我们的付出应该有多少回报的时候，又是否想过，关于我们的回报，自己又付出了多少呢？生活中，我们不应该计较得失，更不应该计算自己付出了多少，就应该得到多少，有时候，付出不一定是有回报的，而有些付出是无私的。

古人曰："百糖尝尽方谈甜，百盐尝尽才懂咸。"与河流一样，如果人生不经受历练，那就显得单调、幼稚，甚至我们可以这样说，不经历挫折的人生是苍白的。经历了失败之后，踩着失败这块垫脚石，我们才能站得更高，走得更远，成功也会如期而至。

假如我们对自己感到绝望，对生活失去了希望，那么可以挽救自己的只有自己。很多时候，我们希望上帝能救赎自己，甚至把自己的处境归结为被所有人抛弃了，其实，没有人能够抛弃自己，除非你已经抛弃了自己。当生活遭遇了挫折与困难的时候，我们唯一能做的就是勇敢向前，一步一步向自己的梦想靠近，最后，我们就会成全自己。

一个人要给自己一个明确的定位，战胜内心的恐惧之后才可以真正地做到勇者无敌。生活中，有的人安于现状、不思进取、害怕失败，最终，他们永远滞留在没有成功的起点。而那些富于勇气的人，给自己一个明确定位的人，他们遇事不畏缩，不恐惧，即使内心隐隐不安，他们也能勇敢地超越自我。这样的人，他们浑身上下充满了活力，能解决任何问题，凡事全力以赴，最终他们成为了最伟大的胜利者。

失败造就着生活，凡是能够成大事者，他们必须经得起失败的历练，经得起失败的打击。因为成功需要风风雨雨的洗礼，而一个有追求、有抱负的人，他总是视失败为动力。所以，失败对于天才来说是一块成功的跳板，对强者来说则是一笔宝贵的财富。所谓的失败是一所修炼人生的高等学府，你是否能顺利毕业则源于内心那股强劲的勇气。

当你不断地计算自己所付出的东西可以得到多少回报的时候，那就意味着你的付出已经在大打折扣了，你的付出并不是百分之百的出于内心，而是计较之后的剩余。这样的计较心理对我们的结果会产生很大的影响，以致我们最后一无所获。

诚然，当我们付出了许多艰辛之后，如果还是一无所获，那是悲哀的，但此时你是否回想起，产生这样的结果就在于自己当初犹豫不决，总是计较付出与回报，总想着回报才导致自己付出不够，因此导致了最后的失败。

心理学家通过研究发现：人们在没有经历一些事情的时候，总是首先对自己形成一种心理暗示。比如，将一块宽 30 厘米、长 10 米的木板放在地上，人们通常都能够轻易地从上面走上去，但如果把这块木板放在高空中，许多人就会因此恐惧而不敢迈步。这时人们往往会形成一种自我暗示：我会掉下去。在这样的暗示作用下，他们会感到恐惧，害怕自己真的会掉下去，虽然事实并没有发生，但是，他们内心还是会隐隐不安。

在成年人的世界里流行这样一句话："勇者无敌。"在命运的挑战和挫折面前，一个人只要勇往直前，不放弃，就一定会成全自己。

启示

因为面对挑战和失败是需要勇气的，需要不怕挫折、不怕失败、勇于拼搏的勇气。在我们选择放弃拼搏的同时，我们也就放弃了对成功、对人生的渴望，渐渐地，我们放弃了自己，也就无法成就自我了。

踩着垫脚石，才能站得更高

我们总要坚信：“勇敢向前，失败是成功的垫脚石。”自古以来，许多伟人都是抱着不屈不挠的精神，在逆境中挣扎着奋斗过来的。在人生这条充满荆棘的路上，我们常常会遇到这样或那样的挫折与困难。当然，不同的人对挫折有着不同的理解，有人说挫折是人生道路上的绊脚石，但有人却说挫折是一种磨砺，会让今后的路更加平坦。

一个人假如经不起失败，受不了历练，处处较真，我们将沉埋在痛苦的生活里，永远没有希望，也没有前进的方向。其实，失败带来的并不完全是坏事，它能使我们的人生绽放出最美丽的成功之花，而我们从失败中吸取的教训将是我们迈向成功的垫脚石。失败的必然性让我们在遇到它时没有必要怨天尤人，更没有必要处处较真。

因为失败不具备不可战胜性，所以，面对失败，不必畏惧，心怀勇气，迎难而上，直面失败，把生活中的每一次失败都看作上天考验我们的一次机会，只要心中怀着必胜的信念，我们就会成功。

对此，智者这样告诉我们：一个不能接受挑战、只是较真失败带来的痛苦的人，他是无法看清楚成功的本质的，从挑战的过程中学到的东西往往比从成功中学到的还要深刻。成功，总是在经历多次挑战之后才姗姗来迟，正确面对挑战，才是走向成功的重要素质和能力。

歌德曾说："你失去了财产，你只是失去了一点；你失去了荣誉，你失去了许多；你失去了勇气，你就把一切都失掉了！"每个成功者都会给自己一个准确的定位，然后朝着既定方向勇往直前，从而战胜内心的恐惧。

人生是一叶小舟，勇气是引航的灯塔和推进的风帆，没有勇气的人生就像是失去了方向和动力的小舟，只能在生活的波浪中四处漂泊，有可能还会沉没在激流之中。

一个人仅仅有勇气是远远不够的，有勇有谋，才是胜者，更是成功者必备的条件。每个人都要有勇气，它藏在体内，卧于心中，是一种精神，更是一种风格。一个人要勇于开拓、勇于创新、勇于冒险，才有可能赢得更大的成功。虽然，勇敢者未必能成功，但懦弱者一定会失败。当然，勇敢并不等于鲁莽，也不是粗野，而是一种骨气。勇者更需要智慧，必然是事事在先，时时在前，靠近社会，做时代的弄潮儿。

约翰是一家乳制品公司的经理，为了公司产品上市，他每天都往返于各个超市，希望能在市场中占有一席之地。不过，由于约翰所经营的公司并不大，因此被许多大型超市拒之门外。面对如此的遭遇，约翰很不服气，一定要去最大的超市试试。

这天，经过了多方转折，约翰和助手终于见到了当地最大超市负责乳品的麦先生。事前，他了解到这是一位傲气而冷漠的先生，果然，麦先生本人与他事先了解到的情况一样。按照事先的约定，先由助手跟麦先生谈，可是，不到十分钟，谈话就有了结束的趋势。麦先生面有难色："现在的排面很紧张，你们的产品虽然看上去不错，但现在竞争也很激烈，能不能卖好很难说……"说完，麦先生就要起身了，他说了一句："这样吧，你先把资料和样品放下，过后我再看看。"

其实，助手在与麦先生谈话的时候，约翰一直在旁边静静地观察，再结合他事先了解到的情况，对策已经在脑海中形成了。就在麦先生快要起身送客的时候，约翰开口了："麦先生，我能不能跟你谈一下？"或许，见了太多的老板，麦先生几乎无动于衷，显得很不耐烦，约翰说："我只耽误你几分钟，如果几分钟内你对我的话不感兴趣，那我们自己走人。"麦先生愣了一下，约翰趁热打铁："我听说麦先生在专业上很有造诣，我只是想跟你交流一下，你不会拒绝我吧？"麦先生脸上露出了笑容，说道："好吧，好吧！"

约翰继续说："麦先生，据我所知，本市的乳制品虽然品种很多，但在包装、质量、口感上能上点档次的产品没有几个，你同意吗？"麦先生点点头："是这种情况！"约翰继续说道："我想，贵超市也希望在这一类产品中能有一个好产品，一方面，可以吸引顾客，另一方面，也是你的业绩嘛！"就这样，两人攀谈起来，后来，在约翰的建议下，麦先生亲自品尝他带来的部分酸奶。届时，谈判已经取得了大部分胜利。

对此，约翰这样总结此次的谈判："有勇更要有谋，俗话说，不打无准备之仗，在事前做好充分的准备，再在谈判中，出奇招制胜。"事实上就是如此，假如你有勇气去做一件事情，而你事前不做好准备工作，临到与对方沟通的时候，你就很容易吃亏，任凭你耗尽口舌，对方就是不同意，你之前的努力就化为了乌有。

启示

每一个年轻人要想在当今的社会立足，甚至有所成就，就要拿出自己的勇气，不惧风雨，不怕挫折，不畏困难，不仅如此，还要具备思维敏捷的头脑，审时度势，运筹帷幄，决胜千里。或许，暂时我们不能以成功者自居，但却可以做一名勇士，做一个事前的智者。

第03章 明天过得好不好，取决于你今天怎么过

有人喜欢把今天浪费在焦虑上，焦虑明天会怎样。其实，明天过得好不好，完全取决于你今天怎么过。如果你今天忘了努力，把时间和精力浪费在虚无缥缈的明天，那你就应该预见明天的生活是糟糕的。

现在，去做自己想做的事情

一个人若想主宰心的航向，就应该全面认识自己，既需要正视自身的缺点，又需要把握好自己的优势。一旦你没有清楚地认识自己，将会导致自负或自卑等心理，而这些负面心理将会影响你一生的发展。

生活中，我们都听过“让兔子去跑步，让鸭子去游泳”的故事。显而易见，每个人都有自己的优势，更重要的一点是每个人只有从自己的优势出发才能获得成功。成功心理学家马丁·塞利格曼在成功心理的研究中得出这样一个结论：“成就和幸福的核心在于发挥你的优势，而不是纠正你的弱点，第一步就是识别你的优势。”

事实上，生活中的每个人都是有缺点的，在这个世界上，并不存在十全十美的人。但是，某些人对于自己的缺点却总是想办法遮掩，害怕别人笑话。殊不知，这样做的后果反而会使人感到虚伪、不真实，假意做作的行为会令所有人想办法远离你。能主宰内心航向的人，他们总能够坦然面对自己的缺点，不去掩饰，而是挑战自我，正视自己的缺点，从而赢得了人们的尊敬。

伟大的科学家爱因斯坦说过，“兴趣是最好的老师”。古人亦云：“知之者不如好之者，好知者不如乐之者。”这就是说，一个人一旦对某事物有了浓厚的兴趣，就会有强大的精神动力，主动求知、探索，以达到感性认识和理想认识的统一，形成对事物系统、全面、完整的认识，在这个过程中，他还会产生愉快的精神体验，进而形成一个良性循环，正是因为认识到这一点，古今中外的教育家无不重视兴趣在智力开发中的作用。

而现实生活中，一些人在人生发展的道路上，却把命运交付在别人手上，或者人云亦云，盲目跟风，他们忽视了自己的内在潜力，看不到兴趣的强大作用，甚至不知道自己到底需要什么，不知道未来的路在哪里，于是，他们浑浑噩噩地度过每一天，甚至在充满各种诱惑的社会大潮中迷失了自己。但如果你能准确地定位自己，认清自己，发现自己的兴趣，那么，你就能充分挖掘到自己的内在动力，朝着这个方向努力，你就会做回自己，充分发挥自己的价值。

任何一个中国人，都对姚明这个名字耳熟能详，然而，不为人知的是，他在篮球事业上的辉煌，也来自于他成长过程中的兴趣。他曾说过：“最重要的就是去做你真正想做的事情，跟着兴趣走。”

姚明因对篮球的兴趣而成为伟大的球星。从姚明身上，我们可以发现，兴趣能对一个人的成长、个性发展乃至人生路途产生很大的作用。然而，并不是每个人都能让兴趣发挥如此巨大的作用，兴趣的产生也不是与生俱来的，它是在学习、活动中发生和发展起来的。

有一天，国王来到花园散步，当他看到花园里的景象的时候，不禁大吃一惊。前些日子还绿意盎然的花园如今变得满目荒凉，美色早已不在。带着满腹疑团，国王询问园丁：“究竟发生了什么事情啊，怎么花园会变成这样？”

园丁叹息着说：“我尊敬的国王啊！这是因为橡树认为它比不过松树的高大，所以死了；松树因为比不过葡萄能结果子，所以也死了；而葡萄因为不能像橡树一样直立，因此也死了；至于其他的植物花卉，也都因为各种比较而死去了。所以，花园终于因此而渐渐荒凉起来。”听了园丁的话，国王陷入了沉思。不经意抬头之间，他发现了花园里的草地依然生机勃勃，不禁好奇地问园丁：“为什么其他植物都枯死了，只有这一片草地依然绿意盎然呢？”园丁微笑着说道：“这是因为小草们并不想成为松树、橡树、葡萄或者其他植物，它们知道自己的优势是什么，所以也只想做它们自己而已。因为这样的想法，它们自然就生机勃勃，绿意盎然！”

生活中，我们经常会遇到一些未知的事物，很多人对这些未知事物都采取一笑置之或者漠然的态度，实际上，这正是培养我们兴趣的关键部分，没有好奇心，就没有探求的欲望，也就谈不上兴趣，比如，你看到美丽的彩虹，那为什么会出现彩虹呢？真的是天女所为？要消解这些问号，就需要你进一步查看相关书籍，了解这些知识，兴趣的开端也就这么产生了。

赛德兹说："你应庆幸自己是世上独一无二的，应该将自己的禀赋发挥出来。"歌星琳达的成功在于她能够正视自己的缺陷，而把握住自己的优势。无论是龅牙一样的缺憾，还是难以弥补的遗憾，它一样是生命的重要组成部分，我们所要做的就是正视自己的缺点，欣赏这如此真切的美丽。

每个人都想成为高大的树木，渴望矗立在高处俯瞰这个世界，但是，命运的捉弄往往使我们成为一丛丛小草。或许在许多人看来，小草该是多么卑贱，多么渺小，但是，即使是如此渺小的东西，它也能凭借着自己的优势在酷寒的严冬绽放出不一样的美丽。

所谓的成功并不是轰轰烈烈的事业或出人头地的名位，而是我们能够把握好自己的优势，能"尽才所用"，这才是作为一个人的最大成功。我们不仅需要坦然接纳自己的缺点，更需要把握自己的优势，努力做到"不因缺点而自卑，不因碌碌无为而遗憾"，从而主宰好心的航向。

有些人的确有好奇心，但总是三分钟热度，比如，他们喜欢弹琴，但持续不了一个月，这样，即使你再有天分，你的弹琴技巧也很难进步。可见，同样地，要培养一份兴趣，就要保持持续的热情，每天进步一点，你就会把这一兴趣变成生活习惯，长此以往，自然会有所提高。

无论做什么事，最怕的就是蜻蜓点水、不求甚解，生活中，有些人兴趣爱好广泛，但却做不到精益求精，这又怎么能真正让兴趣发挥作用呢？

启示

兴趣可以使人的智力得到开放，知识得以丰富，眼界得到开阔，并会使人善于适应环境，对生活充满热情。然而，兴趣不只是对事物表面的关心，更需要我们不断培养，不断参与，并贵在坚持！

找到指南针，明晰明天的方向

在生活中，许多人的悲哀是："我不知道明天会怎么样。"这确实是人生最大的遗憾之一，因为"不知道明天会怎么样"

的背后是一种迷茫中的沉沦，它将扼杀一个人的希望、信心和未来成就。一旦你陷入对未来的迷茫中，你便无法胸有成竹地向一个明确的目标迈进。

那些所谓的“千里马”一生碌碌无为，这并不是他们没有才华和能力，而是他们始终“迷茫”，他们只会埋怨“生不逢时”，或者抱怨“伯乐”有眼无珠，任自己的一生卧于马厩之中，无法驰骋于疆土。

在人生的道路上，我们需要适时调整自己的航向，因为成功并不是一味地蛮干。在生活中，许多人说到自己的目标，总是踌躇满志，但是，经过一番努力之后，他们最终没能达成目标。究其原因，在于他们在追寻目标的过程中，没能调整好航向，而是一味地蛮干，结果自然无法达成既定目标。

有时候，人生就像是行驶在茫茫大海中的一条船，或许，你知道你的目的地是彼岸，于是，你一味地往前冲，哪怕路上碰了礁石，结果就是你根本到达不了彼岸。成功需要努力，但不是一味地蛮干，而是需要正确的努力，就好像你在沙漠里需要一个指南针一样。

什么是目标？目标就是行为所需达到的目的，又是引起需要、激发动机的外部条件刺激。心理学家认为，人们的社会行为往往是内在条件与外在条件相互作用的结果。动机要能引起行动，不仅需要内在条件，还需要有一定的外在条件或环境作为刺激引起需要，如此才能激发动机。

而目标就是这些外在的刺激，它是行为动机的诱因，它能较好地刺激人们为达到自己的目的而行动。而达成目标，则使人们的某种需要得到满足。比如，为了盼望儿子回来，哪怕是对于一个即将告别人世的人来说，与儿子见最后一面，这样一个既定目标带来的心理作用会推迟他的死亡。简单地说，一旦我们心中确定了目标，就会朝着这个目标不断地前进，直到达成这个目标。

某著名大学有一个关于目标对人生影响的跟踪调查，调查对象是一群智力、学历、环境等条件差不多的年轻人。通过调查发现：27%的人没有目标；60%的人目标模糊；10%的人有清晰但比较短期的目标；3%的人有清晰且长期的目标。

此项调查进行了长达25年的跟踪，发现那些调查对象的生活状况以及分布现象都十分有意思：那些占3%有清晰且长期目标的人，25年来几乎不曾更改过自己的人生目标，25年以来他们一直朝着同一个方向努力。25年后，他们几乎成为社会各界的顶尖成功人士，在他们当中有白手起家的创业者、行业领袖、社会精英；那些占10%有清晰但比较短期目标的人，在25年后，他们大多在生活的中上层，在他们身上有着共同的特点：那些短期目标不断被达成，生活状态稳步上升，成为各行业的不可缺少的专业人士，他们的职业大多是医生、律师、工程师等；其中占60%目标模糊的人，25年后他们大多生活在社会的中下层，他们能够安稳地生活与学习，但没有什么特别的成绩；剩下27%没有目标的人，25年以来，他们几乎都生活在社会的最底层，而且，生活过得很不如意，常常失业，需要靠社会救济，喜欢怨天尤人。

最后，这所大学得出这样的结论："也许你现在与别人差距不大，那是因为你们距离起跑线不远，而不是你比别人聪明，或者说上天眷顾你，你是属于那10%、60%还是剩下部分，只有你自己最清楚，不过，希望你能努力成为那10%的目标清晰的人。"

或许，我们应该这样认为，一个人无论他现在多大的年龄，其真正的人生之旅，是从设定目标那天开始的，之前的日子，只不过是在绕圈子而已。如果你想获得成功，那么必须拥有一个清晰而明确的目标，因为目标是催人奋进的动力，目标是你前进路上的灯塔。

一个没有目标的人就像是一艘没有舵的船，永远过着漂泊不定的生活，只会到达失望和丧气的海滩。在我们人生的旅途中，常常会遭遇各种困难与挫折，但是，请不要轻易地放弃什么，否则，你很容易陷入迷茫之中。

其实，人生就如沙漠，而那清澈的泉眼就是我们的信念与目标，在追求目标的过程中，遇到了困难要努力坚持，因为目标与信念可以战胜一切恐惧。在追寻目标的过程中，我们需要坚定自己的目标，只有这样我们才能稳步前进，最后达到自己的人生目标。

在生活中，许多人就如同比赛尔人一样，他们知道自己的目的是走出大沙漠，结果却没有一个人走出来，并不是因为他们不愿意离开那块贫瘠的土地，而是他们缺少正确的努力。试想，在一片荒芜的大沙漠里，若是不及时调整航向，你很有可能会迷路，即使你用尽一辈子可能也走不出来。当然，如果你能明确自己的目标与方向，找准北斗星，那么，你一定能走出沙漠。

启示

人生跟做事一样，都需要适时调整航向，当我们知道前方有可能触礁的时候，就应该调整方向，以便尽快达到彼岸。如果你一味地向前走，埋头拉车不看路，结果是原地踏步，不断重复着昨天和今天的事情。

今日披荆斩棘，明日繁花相送

英国著名作家奥利弗·哥尔德斯密斯曾说：“与抱怨的嘴唇相比，你的行动是一位更好的布道师。”面对生活里的一丁点儿不如意，人们最普遍的习惯是不停地埋怨，埋怨父母不理解，埋怨社会太现实，埋怨朋友的欺骗，埋怨上天的不公，于是，埋怨成为一种习惯，然而，那些不如意的事情、悬而未决的事情并没有得到真正的解决，自己的情绪反而陷入了恶性循环，结果，心中的怨气阻碍了前进的脚步。

成功只会垂青那些积极主动的强者，只要你敢于担当，勇于接受来自生活的挑战，那么，任何艰难险阻都会变成坦途。真正的强者，从来不埋怨，他们总是会把那些消极的想法从内心中清除殆尽，让自己的内心充满阳光、充满希望。

一个人来到这个世界上，面对生活中的诸多不如意，我们只有两个选择，要么接受，要么改变。抱怨成了接受事实的一个阻碍，我们总是想到：这件事对我是不公平的，这样的事情怎么会发生在我的身上呢？我怎么能接受这样的事情呢？

所以，一种强烈的倾诉欲望开始萌发，我要去对别人诉说，以此证明我的无辜和委屈，于是，在我们埋怨不公的时候，我们已经失去了改变这件事情的机会。那么，当我们无休止埋怨的时候，有没有想过比埋怨更好的解决方法呢？

“一分付出一分收获，未必；九分付出一分收获，一定”，为了自己心中的目标，你就要付出加倍的努力。成功是给予那些勇于付出，甘于吃苦的人。当你在享受生活的时候，未来的成功者却在痛苦地挣扎着，这就是平庸者与成功者的区别。

有一句很受玫琳凯推崇的话：“失败一次，就向成功靠近一步。”那些成功者绝不会害怕人生所面临的失败，从来不畏惧尝试再次成功。玫琳凯经常对公司员工说：“如果比较一下我们的双膝，你们会看到我膝上的伤疤比在场的任何一个人都要多，这是因为我一生中有过无数次摔倒再站起的经历。”

原来，再多的责骂、埋怨，也不能改变事情的发展方向，反而会阻碍你前进的脚步。有人说埋怨是一种宣泄，一种心理平衡，似乎埋怨可以将那些不如意的事情发泄出来。每天，我们都可能会面对许多不如意的事情，如果一时地埋怨，就会形成习惯，而埋怨的根源是对现实的不满意。

罗斯福说：“未经你的许可，没有任何人能够伤害你。”有的人自己办不了事情，别人办了漂亮事，他还会到处埋怨：“其实我很有能力的”“他凭什么就能得到上司的重用啊”“这件事我会比他做得更好，可上司偏偏不找我嘛”。但是，真正的结果呢，却是自己没有能力，心中才充满了怨气。真正的强者，他所致力的是如何解决问题，如何完成这件事情，而不是去埋怨上天的不公，所以，强者最后会在努力中赢得成功，而无能的人只能在埋怨声中销声匿迹。

人生从来不可能一帆风顺，因为各种挫折、困难都会出现在我们的人生里。在这个世界上，没有一如既往的顺利，只有磕磕绊绊的成功。在前进的路途中，暴风雨总会不期而至，只有把握好船舵才能到达成功的彼岸。

所谓“宝剑锋从磨砺出，梅花香自苦寒来”，人生其实就是一个不断磨炼自己的过程。只有不断地从失败中吸取经验教训，不断让自己成长，你才能取得最后的成功。人也只有在坎坷中才能不断地去完善自我，充实自己，才能更好地主宰自己的人生方向。人生本没有一如既往的顺利，只有披荆斩棘才能路路顺；人生没有永远的成功，只有在挫折中站起来才是真正的成功。

有人说：“每个人都没有你想象中的那么幸福，而成功的人，更有你想象不到的曾经痛苦的经历。”不经历风雨，怎能见彩虹，没有人能随随便便成功。其实，世间万事皆是如此，如果你想成功，你就必须要比别人吃更多的苦，付出更多的努力。

其实，把人生的每一次失败都当作尝试，不要总想着顺顺利利地成功，不要埋怨，接受每一次失败，并从中吸取教训，这样我们才会在成功的路上走得更远。

在这个世界上，从来就不会有“天上掉馅饼”的美事，即使真的有，你也会因此而付出一定的代价。生活中，多少人梦想着一夜暴富，或一夜成名，但是，那不过是痴人说梦，不努力怎么会有所获得呢？

启示

那些真正富有、成名的人，在他们光鲜的背后有着不为人知的艰辛付出，要知道，成功的道路从来不是平坦的，而是坎坎坷坷、荆棘满地，而成功唯一的途径就是披荆斩棘，勇往直前。

如何面对向上走的痛苦

大屏幕上一次次的颁奖，令人心动不已，谁都想走一次红地毯，谁都想触碰奖杯的荣誉，人生若是得此殊荣，自然是一种幸运，一种辉煌。但是，如此巨大的荣誉和成功却不是每个人都能得到的。

生活中的我们如此平凡，但是，请不要忘记为自己加油喝彩。

美国的一位心理学家曾说：“不会赞美自己的成功，人就激发不起向上的愿望。”随时为自己加油往往能带给自己欢乐和信心。当你的信心增强了，又会鼓励你获得更大的成就，与此同时，你的自信心将会进一步增强。但在现实生活中，有的人对自己缺乏信心，他们总是期望得到别人的掌声。

对于这样的情况，一位成功者说：“别在乎别人对你的评价，否则会成为你的包袱，我从不害怕得不到别人的喝彩，因为我会随时为自己鼓掌。”在人生的路途中，我们要保持思路清晰，随时为自己的壮志加油喝彩！

无论是生活中还是工作中，我们都难免会遭遇坎坷、曲折、磨难，这时，我们会感到痛苦、迷茫，但是，这些都不是最可怕的，可怕的是自己先否定了自己，自己摧毁自己。所以，在这关键时刻，更需要相信自己，为自己加油，要坚信命运的钥匙永远掌握在自己的手中。摔了跟头，应该立即爬起来，为自己鼓劲，为自己喊声“加油”；当我们取得一次小成就的时候，应该对自己说“我真棒”；当困难来临的时候，记得给自己打气，对自己说“我一定能行”。那些能为自己加油、喝彩的人，他们一定是生活中的强者。

人的一生，短短几十载，生命是有限的，人人都渴望成功，但成功的人又有多少呢？也有一些人整日埋头苦干，却成就一般。《幸福守则》的作者杰克森布朗说：“人人内心深处都有一个蓄势待发的英雄。”

罗斯福也说过：“杰出的人不是那些天赋很高的人，而是那些把自己的才能在尽可能范围内发挥到最高限度的人。”如果人们都能充分利用自己的时间和精力，做到事事竭尽全力，那么，绝对可以做出更有价值的事情来。

很多时候我们做事失败了，都会为自己寻找各种开脱的理由，如“我已经尽力了，只是……”其实无数事实和许多专家的研究成果告诉我们：每个人身上都有巨大的潜能没有开发出来。美国学者詹姆斯据其研究成果说：“与应当取得的成就相比，我们不过是半醒着，我们只利用了我们身心资源的很小一部分。”

生活中有许多困难与挫折，面对这些困境，许多人总是不由自主地说“我不能……”在这样一种心理的影响下，他们不敢正视现实中的挑战，对自己缺乏信心，最后导致自己的潜力并没有得到充分的发挥。其实，许多人之所以不能成功的原因在于缺乏自信，总是被“我不能”左右。所以，不妨试着把“我不能”埋在地下，相信自己，为自己加油鼓劲，用积极乐观的心态来面对一切，这样困难与挫折就会迎刃而解。

永远不要让“不可能”禁锢自己的手脚，对自己要充满信心，随时为自己加油，勇敢地向前迈一步，坚持到底，那么，“不可能”就变成了“一切皆有可能”。不可否认，为自己加油是找回自信的最佳途径。不断地为自己加油，告诉自己“我一定能行”，通过肯定自己来不断地增强你奋力向前的信心，从而获得成功。

美国成功学大师拿破仑·希尔说：“你过去或现在的情况并不重要，你将来想获得什么成就才最重要。除非你对未来有理想，否则做不出什么大事来。”过去已成定局，未来才是希望，未来才可能创造奇迹。

曾经担任过美国足联主席的戴伟克·杜根说过这样一段话：“你认为自己被打倒了，那么你就是被打倒了。你认为自己屹立不倒，那你就屹立不倒。你想胜利，又认为自己不能，那你就不会胜利。你认为你会失败，那你就会失败。……生活中，强者不一定是胜利者；但是，胜利迟早属于有信心的人。”

问题是做事的基础。只有理性地分析问题，才能从繁杂的情况下，认清事情的本质特征，做出正确的判断。很多事情并没有固定的模式，在具体的解决问题的过程中，只要善于思考、开动脑筋，才能准确把握事情的脉络，才能从点看到面，从表面看本质，找出问题的根源所在，对症下药，迅速解决问题。很多时候，你不仅要用手做事，更重要的是要用脑做事，才能做成事。

总之，如果你有 90% 想要成功的欲望，却有 10% 想要放弃的念头，这样的人没有办法成功的。不管做什么事，只要放弃了就没有成功的机会；不放弃，就会一直拥有成功的希望。

启示

每个人身上都有巨大的潜能，为什么没有取得尽如人意的效果呢？主要是由于心理态度与努力程度不够。拿破仑说："真正的智慧就是坚定的决心。"崔健在接受记者采访时也曾说："我活得很痛苦，但这种痛苦是要向上走的痛苦。"

第04章

每一个不曾起舞的日子，都是对生命的辜负

尼采说：“每一个不曾起舞的日子，都是对生命的辜负。一个人知道自己为什么而活，就可以忍受任何一种生活。其实人跟树是一样的，越是向往高处的阳光，它的根就越要伸向黑暗的地底。”今天，你辜负了生命吗？

保持活力，为了目标努力耕耘

人们应该明白，只有不断地去超越，生活才会充满希望和乐趣。中国有句老话："百尺竿头须进步。"即便到了百尺竿头的顶端，赢得了很大的成就，也不能骄傲自满，而是继续努力，再接再厉，去赢得更大的胜利。不管是生活中还是工作中，只有超越自己的人才会胜利，当你找到了超越目标，不论你向前进步了多少，哪怕只是一点点，只要你勇往直前，永不退缩，就是勇者。

生活中，有的人太自满，认为自己做得不错了，就适可而止了。其实，这还远远不够，不满足是向上的车轮，即便你很优秀，也不要停下来，因为人生是没有顶峰的。保持积极的进取心，让我们在生活中找到另一个可能的自己。

成功的秘诀是保持活力，为了目标努力耕耘，保持勇往直前的热情。当然，活力与人的关系，就好像发动机和机器的关系：活力是行动的主要推动力，能够鼓舞激励一个人对自己所做事情采取行动。活力是一种重要的力量，懂得利用这种力量的人会给自己带来用不完的精力，然后发展成一种坚强的个性。

或许，有的人觉得自己是平庸的，但仅仅因为这个原因，我们就停止前进吗？我们所行走的路途，那是属于自己的人生，自己不努力，谁又为你奋斗呢？生活总是这样，如果我们不努力，越来越多的机会就会与我们擦肩而过，我们只能懒散地落在后面，眼睁睁看着别人迎接成功。

一个人若是不懂得进步，结果只有被社会淘汰，被这个时代遗弃。成功就在远方，关键在于我们是否能坚持前进的脚步，保持永不停歇的姿势，我们才能拥抱成功。

每一个人对于自己所做的事情，从来都保持全身的活力，绝不半途而废。乔·吉拉德就是一位浑身都充满活力的人，由于活力四射，很快他就成为全美汽车销售冠军。他曾感叹说："我从事销售工作多年，见到过许多人，由于对工作保持活力，他们的绩效成倍地增加。我也见过另外一些人，由于缺乏活力而走投无路，我深信活力是成功推销的最重要因素。"因为对这件事充满热忱，才会保持活力，才不会那么轻易地放弃，最终会坚持到底。

对艺术保持足够的活力，不放弃，不半途而废，就可以成就旷世杰作和伟大的艺术家；对商业保持绝对的活力，就可以获得丰厚的利润，甚至成就商业帝国。活力，会让我们对某件事坚持到底，而这样的品质正是成功所需要的。

启示

当一个人总是保持神采奕奕的状态，那他干什么事情都会坚持到底，绝不会半途而废。当然，所谓的活力是源于内心的热忱，因此活力具有强烈的感染力，所有和它有过接触的人都会受到深远的影响。

不经受历练的人生是单调的

所罗门把一个小女孩带到稻田，跟她说：“你不是想要一件贵重的礼物吗？我可以赏给你，但你要替我做一件事情：把这片稻田里最大的稻穗选出来，拿给我。”小女孩高兴地答应了，所罗门接着说：“但是，我有一个条件，你经过稻田时，要一直向前走，不允许停下来，也不能退回来，更不能左右转弯，你要记住，我给你的礼物，是与你选择的稻穗大小成正比的。”结果，这个小女孩从稻田里走出来时，什么礼物也没有获得，因为她在一路上总是嫌所看见的稻穗都太小了。

当我们总是眼高手低的时候，最后的结果将是一无所获。蘑菇生长在阴暗角落，由于得不到阳光又没有肥料，常常面临着自生自灭的状况，只有当它们长到足够高、足够壮的时候，才被人们所关注，事实上，这时它们已经能够独自接受阳光雨露了。这就是心理学上著名的“蘑菇定律”。最初蘑菇定律是由一批年轻电脑程序员总结出来的，通过蘑菇的生长历程，他们联想到了人所必须经历的过程。

我们刚进入社会的时候，像蘑菇一样不受重视，只能替人打杂跑腿，接受无端的批评、指责，得不到提携，处于自生自灭的状态。由于蘑菇生长必须经历这样一个过程，同样的道理，每个人的成长也需要这样一个过程。

卡莉·费奥瑞娜从斯坦福大学法学院毕业以后，她的首份工作是一家地产公司的电话接线员。费奥瑞娜每天的工作就是打字、复印、收发文件、整理文件等杂活，父母与亲戚对费奥瑞娜的工作感到不满意，认为一个斯坦福大学的毕业生不应该做些杂活。但是，费奥瑞娜却没有任何怨言，她一边努力工作，一边学习。有一天，公司的经纪人向费奥瑞娜问道：“你能否帮忙写点文稿？”卡莉·费奥瑞娜点了点头，凭着这次撰写文稿的机会，她展现了自己卓越的才华。在以后的日子里，卡莉·费奥瑞娜不断向前发展，后来成了惠普公司的CEO。

卡莉·费奥瑞娜的成功案例成为哈佛商学院学子的案头必备研究，我们任何一个人在成长的过程中，都将注定经历不同的苦难、荆棘，那些被困难、挫折击倒的人，他们必须忍受生活的平庸；而那些战胜苦难、挫折的人，能够突出重围，赢得成功。

亚伯拉罕·林肯在一次竞选参议员失败后这样说道：“此路艰辛而泥泞，我一只脚滑了一下，另一只脚也因而站不稳；但我缓口气，告诉自己‘这不过是滑一跤，并不是死去而爬不起来’。”哈佛告诉我们：“一个人克服一点儿困难也许并不困难，难得的是能够持之以恒地做下去，直到最后的成功，在人生的逆境中坚定地走下去。”

当我们不幸被看成“蘑菇”的时候，如果一味地强调自己是“灵芝”根本无济于事，对于我们而言，利用环境尽快成长才是最重要的。当自己真的从“蘑菇堆”里脱颖而出的时候，我们的价值就会被人们所认可。虽然，蘑菇的成长经历给我们带来了压力和痛苦，但是，这些难忘的经历却有可能让我们赢得成功。

哈佛大学的荣誉博士 J·K. 罗琳就是最典型的例子，她是一位中年女性，在事业最黯淡的时候开始拿笔写作，结果，她写出了享誉世界的《哈里·波特》。在人生中总是有着种种的不如意，但是，一个意志坚强的人能够将逆境变为顺境，在挫折中寻找转机，他们在逆境中坚定地走下去，最后获得了成功。

相反，有的人缺少生活的历练，一旦遭遇挫折或身陷逆境，一次输给了自己，就意味着永远输给了自己。

每个人都渴望生活如鱼得水，都希望事业获得成功，但是，上帝不会把这些白白赠予你，只有不畏惧蘑菇的经历，成功才会属于你。蘑菇的经历是成功必须经历的过程，只有那些能够忍受一切的人才能得到阳光普照的机会。

中国有句老话："刀不磨不利，人不练不成器。"其实，一个人只有经历了无数的磨炼，才可以重新出发，拥抱最灿烂的成功。在人生的道路上，我们常常会遇到各种挫折与困难，面对挫折，人们有着不同的理解。

有人说挫折是人生道路上的绊脚石，有人却说挫折造就了美好的生活，正所谓"百糖尝尽方谈甜，百盐尝尽才懂咸"。人生与河流一样，不经受历练的人生是单调、幼稚的人生。那么，不经历挫折的人生将是空白的。

生活中必要的磨炼是一门必修课，一个人需要经过不断的磨炼才能铸成大器。在磨炼的过程中，可能会存在许多痛苦和枯燥，但只要我们不畏惧，迎难而上，直面磨炼，把每一次磨炼当作上天考验我们的机会，心中坚定地告诉自己：我一定能成功，那我们就一定能通过磨炼，战胜困难，终成大器。

启示

磨炼铸就成功。凡是能够成大事者，他们必须经得起苦难的磨炼，经得起失败的打击，因为成功需要经受风雨的洗礼，而一个有追求、有抱负的人，他总是视磨炼为一种考验。所以，磨炼对于天才来说是一块成功的跳板，对强者来说则是一笔宝贵的财富。

一路走来，慢慢打磨自己

优化自身的最佳途径，就是抵制人性弱点。一个人，不管他有多么伟大或多么顽固，都会存在着这样或那样的弱点，有自己的软肋。一旦这样的弱点被他人击破，那我们自身将难以成功。而现代社会本来就是一个到处充满着诱惑、陷阱的社会，诸如金钱的诱惑、美色的诱惑、名利的诱惑、地位的诱惑、情感的诱惑等，就是在人性弱点的延伸下，我们往往会迷失自己。每个人都有弱点，欲望越多的人弱点也越多，陷入深渊的可能性也就越大。

在成长的过程中，不断检查自己，不断反省自己，不断管理自己，就会减少自己身上的弱点。在未来的行程之中，我们就会少一些心灵上的纷扰，多一些自在。在人生的道路上，我们会面对各种不同的挑战，但是，我们最大的敌人并不是别人，而是自己，我们更要勇于挑战自我。一旦发现自己的某些弱点比较突出，有可能对自己人生造成破坏影响的时候，一定要紧急刹车，抵制人性弱点，这样我们才能重新上路，走向成功。

抵制人性的弱点，可以有效地管理好自己，而这当然需要极强的自制力，也就是用毅力控制爱好。比如，列宁就是一个自制能力极强的人，他在自学大学课程的时候，为自己安排了严格的作息时间表：每天早餐后自学各门功课，午餐后学习马克思主义理论，晚餐后适当休息一下再读书。本来列宁是很喜欢下棋的，一下起来就痴迷了。后来他感到这太费时间了，毅然戒了棋。当然，这只是生活中的一件小事，但凡事都是从小事开始，如果我们有毅力去改变自己生活中的一些小事，又何必担心不能抵制人性的弱点呢？

在成功的路上，我们最大的敌人并不是缺少机会，也不是能力不够，而是缺乏对自己情绪的控制。生气的时候，不能克制心中愤怒的情绪，使身边的人望而却步；消沉的时候，过于放纵自己的萎靡，这样我们就白白浪费了许多稍纵即逝的机会。

约翰·米尔顿说：“一个人如果能够控制自己的激情、欲望和恐惧，那他就胜过了国王。”有时候，情绪不仅是心灵健康的庇护神，而且，它对我们决胜的关键时刻也异常重要。

在现实生活中，面对不同的环境，不同的对手，我们采用何种手段并不重要，控制好自己的情绪才是最重要的。

每个人都有自己的情绪，而情绪是一种无形的东西，在很多时候，它令我们捉摸不定。但是不管怎样我们都应该努力控制好它，这样才能更好地掌控自己的人生。

评价一个人的标准，只需要看他的涵养和行事风格，就可以知道是否成为可塑之才，是否能成就一番事业。因此，如果你想成为一个卓越的人，除了具备一定的常识和能力之外，全在于能否控制好情绪。如果能控制好情绪，就可以化阻力为助力，助你化险为夷；相反，若不能掌控好情绪，便很容易激怒，甚至出现一些非理性的言谈举止，这将给自己带来一系列麻烦。

要想征服世界，就需要实时自省，不断完善自己，人生就是一个不断完善和超越自我的过程，即使我们不可能凡事做到尽善尽美，但是，我们应该努力让自己更好一点，努力去追求完美。只有努力向前了，生活才会给予你相同的回报。一个人最大的敌人就是自己，要想战胜自己，首先要学会自省。

情绪是指人们对环境中某个客观事物的特种感触所持有的身心体验，是一种对人生成功活动具有显著影响的非智力潜能因素。对此，美国密歇根大学心理学家南迪·内森通过一项研究发现：一般人的一生平均有十分之三的时间处于情绪不佳的状态，因此，人们常常需要与那些消极的情绪做斗争。

成功者会控制自己的情绪，失败者则被情绪所控制，而那些能够控制情绪的人，实际上就是心理障碍突破最多的人。每个人都有或大或小的心理障碍，只要我们敢于突破障碍，就能掌控自己的人生。

一个不懂得自省的富翁，也可以被一无所有的乞丐所嘲笑，这是因为他在不断的自我膨胀中忘记了尊重他人。一个成功者要善于进行广泛的学习，把那些学到的东西用来检查自己的言行，遇到事情才不会糊涂，自己的行为才不会有什么过失。

自省是我们认识水平不断进步的动力，自省是对我们的言行客观评价的标尺。现代社会是不断变化的，我们与周围的一切都息息相关，过去和未来都将与环境有着密切的关联。对此，我们在处事之中都需要有正确的定位，这将决定着我们以后的一切，成败在此一举，所以，对于每个人而言，自省是非常有必要的。

启示

在生活中，每个人都是不完美的，个体上都有缺陷，智慧上也有不足之处，特别是一些年轻人，社会阅历浅，做事缺乏经验，容易出错，说话容易得罪人，这时就应该进行自我反省。通过自省，可以历练我们，让自己更富有敏锐的洞察力，能更清楚地认识自己。

戒掉懒惰，努力学习吧

拒绝懒惰，努力学习才有可能成功。在生活中，很多人对未来有一个美好的愿望，但就是拒绝付出努力。那些懒惰的人实际上就是否定自己，把自己的生命一点点变得虚无。每个人都知道，懒惰是一种习惯，浪费的是拯救自己的机会，这是比任何东西都宝贵的生命。懒惰是理想的绊脚石，每个人的生命和时间都是有限的，有多少是因为懒惰而浪费的呢?

在现实生活中，有许多人贪图安逸而不愿意吃苦受累，结果，时间长了，就变得懒惰了。懒惰是生活中最大的敌人，许多悲剧的后果都是因懒惰而造成的。

命运的好坏完全取决于自己，假如我们选择了勤劳，那我们通过最近的努力一定可以得到幸福，即便只有一点点是自己创造出来的，那也是一种幸福；假如你选择了懒惰，你将终生和不幸、厄运、灾难成为伙伴，永远是一个失败者。

大家都听过这样一句话：“世界上能登上金字塔顶的生物只有两种：一种是鹰，另一种是蜗牛。不管是天资奇佳的鹰，还是资质平庸的蜗牛，能登上塔尖，极目四望，俯视万里，都离不开两个字——努力。”若是缺少了勤奋的精神，即便是天资奇佳的雄鹰也只能空振双翅。若是有了勤奋的精神，即便是行动十分不便的蜗牛也可以俯瞰世界。靠着自己的双手去生活，远比依赖别人要踏实得多。

在这个世界上，有太多懒惰的人，他们不思进取，总想着天上掉馅饼的事情发生在自己身上，最终却被自己的懒惰贻害一生。俗话说：“早起的鸟儿有虫吃。”只要自己勤奋，我们一定会拼搏出属于自己的一片天空。

永远不过期的是头脑里的知识。自古以来，知识是人类从洪荒到启蒙的捷径，知识也是改变一个人最有效的力量之一。一个人从内由外而散发出来的气质、智慧、修养，都是跟知识分不开的，做一个涵养有魅力的人，就需要尽可能地读书，多补充内在的知识，让自己的心灵花园变得丰盈起来。

在冥冥之中，是知识主宰着我们的命运，也是知识改变了我们的命运。知识是力量，是彻底改变一个人命运的第一推动力。在当今这个知识经济的社会中，谁拥有了知识谁就扼住了命运的咽喉，反之，若是缺少了知识，那你只能失宰于人。成功大师拿破仑曾说：“真正的征服，唯一不使人遗憾的征服，那就是对无知的征服。”拿破仑在征服了无知，获得知识之后振兴了法兰西，他用亲身的事迹诠释了那句话。

知识，成就了海伦·凯勒的一生，在她获得成功之后，她没有忘记那些生活在无声世界或黑暗世界中的孩子们。她用自己一生所学的知识致力于盲人福利和教育，她希望更多的盲人孩子感受到知识的快乐。对此，有人曾这样评价她：“海伦·凯勒是人类的骄傲，是我们学习的榜样，是人类善良的表现，相信她的事迹能成为后世的典范。”

如果说这个世界上有什么东西的保质期是永远的，那答案绝对是知识。西点告诉我们，从古至今，屹立于世间最璀璨、最明亮的那颗明珠就是“知识”。人生须臾，在这个知识创造价值的竞争年代，对于我们每个人而言，拥有了知识才华才能“海阔凭鱼跃，天空任鸟飞”。

漫漫人生路，一个人的成功来源于对自己的不断塑造。知识是人类文明史上一颗璀璨的明珠，是古代圣人的言行结晶，充满智慧魅力的妙语，它将在人们心中千古不朽，万古长存。任何一个善于学习的人，他的成功都是用足够的知识和生活经历积累的。

每年都有许多优秀的大学生毕业，走出学校的大门，他们的学习生涯就结束了吗？不，他们中的许多人选择了继续学习，甚至有的人一生都在学习，也就是我们所说的终生学习。终生学习是指一个人的学习活动是一生中连续不断的过程，在这个社会，每个人都有接受教育，学习的权利，每个人都应该获得均等的教育机会，这本身是一种学习的理想状态。人处于社会发展的中心，是推动社会前进的动力。

启示

在现实生活中，或是生存发展的需要，或是外部环境的压力，或是自我价值的实现，这都需要我们不断学习，我们将课堂上学到的知识应用于生活中是远远不够的，还需要我们继续学习，不断学习，做到与时俱进。

第05章 你必须很努力，才能看起来毫不费力

我们常常想：明天会怎么样呢？与其担心未来，不如好好努力。既然无法预知未来，那就把握好现在。只有你必须努力，明天才能看起来毫不费力，那些洒落的泪珠和汗水，终会被晒干，印出美丽的花纹。

唯有挣脱束缚，才能展翅飞翔

一个人要敢于挣脱束缚，让自己的思维和行动澎湃起来，这样才能有效地成就自我。在生活中，我们一贯主张“谨慎做事”，这本来是一个很重要的做事准则。但是，凡事都有两面性，优点和缺点会相互转化。

做事谨慎是好事，但是，如果一个人做事过于谨小慎微，就会使自己的胆子越来越小，眼睁睁地看着机会从眼皮底下大摇大摆地溜走。很多时候，我们需要挣脱内心的束缚，换句话说，就是做事时要有一股闯劲，不能畏首畏尾，让自己的思维和行动都澎湃起来，这样才能成大事。

唯有挣脱束缚，才能展翅飞翔。现实生活中，我们常常会模糊自己真实的内心，习惯于自我设限，产生一种挫败感，导致最后我们还没有翱翔于蓝天就落地了。如果我们习惯了自我设限，那么，我们的心就会失去向上生长的动力，只能在被束缚的范围里挣扎，茫然无助。所以，不管我们遭遇了什么样的环境，都不要随意地否定自己，而是学会挣脱束缚自己的东西，开拓自己的思维和行动，我们应该明白，否定自己就意味着扼杀自己的潜力和欲望。

敢于冒险，立即开始，也许时间长了，你会发现成功并不如想象中那么困难。正所谓“机不可失，时不再来”，每个人都听说过这句话，但不少人却是等机会溜走以后才恍然大悟。其实，上天对每个人都是公平的，主要在于我们是不是一个敢于冒险的人，如果你在机遇面前，总是犹犹豫豫，不敢冒险，那我们只能沦为失败者。所谓的成功者无一不是捕捉机遇、创造机遇的高手，而且他们习惯在风险中猎获机遇。

作为创业者如果没有冒险精神，就不可能成就一番事业。这句话在每一个西点人身上得到了充分的验证，然而，在现实生活中，我们却经常因为缺乏冒险精神最终一事无成。在我们身边，为什么有的人一生轰轰烈烈，而有的人一生却平平淡淡？为什么有的人事业有成，有的人却碌碌无为？

或许，有人会说，那些所谓的成功者有能力，运气好。其实，敢于冒险是他们有别于别人的重要一点。

香港首富李嘉诚，凭着敢于冒险、进取不息的精神，获得了雄厚的资产。

20世纪40年代，那时的李嘉诚还只是一家塑胶公司的推销员。但是他并没有满足于做普通的推销员，为了变得更出色，他每天都背着一个装有很多样品的大包，走街串巷，不辞劳苦，每天工作长达16个小时，把销售产品当成自己的事业。由于他头脑灵活，喜欢交朋友，渐渐地成为公司最优秀的推销员。两年之后，李嘉诚统管产品销售，被提拔为业务经理，后来晋升为总经理，全权负责日常事务。

但是，这样的成功并不能满足李嘉诚想干大事业的野心。到了20世纪50年代，他筹资创办了一家属于自己的塑胶厂。他的塑胶厂克服了厂房破旧不堪、压塑设备极为落后的困难，在一番奋力拼搏下，这家一开始经营不良的塑胶厂竟然摆脱了困境，跻身为世界塑胶业的行列，以出口量世界第一的业绩成为行业的老大。

现代社会激烈的生存竞争，激发了人们的拼搏精神，也给他们提供了大量机会。在成功者眼里，几乎可以说“遍地黄金”，他们现有的富裕生活并未使他们过上自己所期待的轻闲生活，竞争的压力使他们步履匆匆。为了生存，他们不得不拼命工作，即便在巨大的压力面前，他们也能够表现得从容不迫，敢于冒险，有胆识，善于抓住每个可以成功的机会。

纵观古今中外，许多成功人士都是从小事业做起，甚至有许多企业家完全是靠摆地摊起家的。曾经，他们与我们一样普通，不过，他们怀揣着梦想，而且没有像大多数人一样畏首畏尾，思前想后。就算对自己所坚持的事情没有百分之百的把握，但他们最终还是选择了冒险，正因为敢于冒险，才使他们打开了成功的大门。

千万不要把冒险当作一种游戏。有的人具备冒险精神，但他所谓的冒险就是说一些平时不说的话，做一些平时不敢做的事情。他们以为冒险就是这样，至于冒险带来的结果，他们是无从考虑的，他们只重视冒险本身带来的刺激感。

在冒险拼搏的过程中，我们要善于保持自我，而不是在冒险中迷失自我。冒险，就好像台风或海啸一样，它们伴随着风险一起到来，有的人一旦进入冒险的旅程就什么都忘记了，他们甚至会忘记自己冒险的最终目标是什么。在冒险拼搏的过程中，我们始终要坚持自己的目标，不随意更改自己的意见，不随波逐流，这样我们才能在拼搏的过程中有所收获。

其实，真正的冒险是具备一定根基的，它不是海市蜃楼，更不是随心所欲，而是建立在具体、行之有效的方案。比如，有的人在选择投资一个项目的时候，他会事先分析这个项目带来的弊端和益处，然后分析这两个不同的影响，最后在利大于弊的情况下，他们会选择放手一搏，这样一来，他们赢的机会就比较大。相反，在没有任何方案和计划的情况下，还是选择赌一把，那这样的赌博则显得有些愚蠢了。

绝对保持自我，冒险但不迷失自我。在冒险的过程中，我们还会遭遇这样或那样的情况，都是不可预料的，有可能是挫折，有可能是诱惑，等等。但不管环境如何变化，只要我们决策的大方向是正确的，那我们就要坚持下去，而不是在犹豫中迷失自己，最终错过良机。

摩根是一位喜欢冒险的人，大家都以为他不仅是在冒险，而且几乎是孤注一掷，如果投资失败，那他将会损失惨重。但是，如果我们仔细推敲其行为背后的思想，就会发现摩根其实是有着自己的头脑的。他不是在蛮干，而是在有一定的把握之后才选择冒险，这样一来，他的胜算就会多几分。因此，并不能以偏概全地表示摩根的成功应该归结于运气，更多的时候，他所依靠的是智慧。

冒险在许多人看来，就是“做一些自己平时不敢去做的事情”，或者“跟着别人去做一些大胆的事情”。事实上不是，西点告诉我们：冒险更需要智慧。

启示

冒险更需要具备的是高度的头脑，因为冒险不是蛮干。所谓的冒险，是建立在一个初步完善的计划之上，至少我们头脑里有一个轮廓，这样我们在前进的道路上才有具体明确的方向，否则，我们就像一只无头苍蝇，虽然拿出了勇气，却做了一些毫无意义的事情。

坚持下来，你的努力不被辜负

请享受无法回避的痛苦，比别人更早更勤奋地努力，才能尝到成功的滋味。也许，你再坚持一秒，成功就来了。与河流一样，人生也需要经历洗练才会更美丽，经过枯燥与痛苦，才能收获成功的果实。因此，我们可以说，忍耐枯燥与痛苦是成功的必经之路。人生不可能是一帆风顺的，总会有这样或那样的挫折与困难，在这个过程中，就需要我们去忍耐枯燥与痛苦，甚至是失败。

忍耐，并不是甘于现状，或者说做事只有三分钟的热情，它更是一种厚积薄发的耐力。那些不善于忍耐的人，等不到雨后的彩虹。有人问著名的组织学家聂弗梅瓦基为什么把一生的精力都花在研究蠕虫的构造上，聂弗梅瓦基回答说："你可知道，蠕虫这么长，而人生却这么短。"的确，一个人的生命是有限的，而科学研究是无止境的。简而言之，如果你想获得任何一项事业的成功，就必须持之以恒，甚至付出毕生心血，对于成功而言，忍耐就是力量。

高斯成功的秘诀就是"专心致志，持之以恒"，他研究数学，总是坚持到底，忍耐枯燥而漫长的过程。对他本人而言，他最反对的就是做事半途而废。当他对一些重要的定理进行证明的时候，总是经过多种解决、证明的方法，并从中发现最简单和最有力的证明。当然，因为高斯如此持之以恒地钻研数学，为科学事业的发展做出了卓越的贡献。

美国著名作家杜鲁门·卡波特说：“梦是心灵的思想，是我们的秘密真情。”梦想对于每个人来说，它有一种巨大的魔力，能够不断地召唤着我们前进。西点告诉我们，无论自己的梦想多么模糊，不管自己的梦想多么不可思议，我们都要听从心中梦想的召唤，紧紧跟随着它，坚持不懈地走下去，那么，梦想就会变成现实。如果我们想要成就自己的梦想，那就要努力向前，奋起一搏。

人生就是如此，只要你迈步，路就会在脚下延伸。只有启程，我们才会向心中的梦想靠近。无论你的梦想和目标是什么，这些都只是你成功的开始，更主要的是立即开始行动，朝着梦想的方向，向上拼搏，努力向前，从而实实在在地看到成功的希望。这一点被许多人所忽略，其结果都以失败告终。

实现梦想的最佳途径就是奋勇一搏。在梦想实现的过程中，并不是我们缺少能力，也不是我们少了那份运气，而在于我们是否勇敢地拼搏，是否有决心去实现它。只要你迈步，路就会在脚下延伸。

只有启程，我们才会向心中的梦想靠近。在距离梦想很远的地方，我们不应该停下来，也不应该选择放弃，而是坚定自己的梦想，哪怕试一试也好，这样即便不能成功，我们至少努力过，没有遗憾。

只有忍耐了漫长而枯燥的旅程，我们才能到达成功的顶峰。那些不经风吹雨打的人，注定等不到雨后的彩虹。生活中，成功不是轻易就能获得的，它总是凝聚了泪水与艰辛，如果你缺乏一定的忍耐力，那将注定与成功擦肩而过。因为不善于忍耐的人，也无法看到雨后的彩虹。

这一切都需要忍耐，如果没有坚强的意志力，就难以忍受，最后就不能获得成功。如果你想赢得成功，就不得不忍耐这路程中的枯燥与痛苦，失败与辛酸，在忍耐之后继续奋斗，这样你才能赢得成功。

或许，等待的过程是漫长而痛苦的，但我们要不断地告诉自己：也许再坚持一秒就可以成功了。这样不断地鼓励自己，最后我们就真的成功了。

如果经不起挫折，忍受不了挫折带来的痛苦与失败，我们就将沉埋在毫无希望的生活里，永远没有前进的方向。凡是能够成大事者，他们必须耐得住痛苦，忍受得了失败的打击，因为成功需要风雨的洗礼。“天将降大任于斯人也，必先苦其心志，劳其筋骨，饿其体肤，空乏其身，行拂乱其所为，所以动心忍性，曾益其所不能。”追寻成功的路途是艰辛的，更是漫长的，但请不要着急，也许，你再坚持一秒成功就来了。

西点著名校友国际银行主席奥姆斯特德曾说：“以顽强的毅力和百折不挠的奋斗精神去迎接生活中的各种挑战，你才能免遭淘汰。”虽然西点军校接受议员的推荐名单，不过，议员的推荐名额也有明确的法律规定。对这些议员推荐的优秀分子，西点军校也有指标清晰的淘汰规定：四个学年结束时总淘汰率要保持在25%左右，其中第一年就必须淘汰10%的学员，全程淘汰制度保证了通过四年学业的人基本上都是能够在艰苦条件下承担重任、绝不轻言放弃的人。每一个西点人都明白：放弃很容易，成功却需要饱经磨难的坚持。

或许，大多数人所知道的信息是“1896年4月6日，来自美国哈佛大学的大学生詹姆斯·康纳利成为了奥运史上的第一个世界冠军”。这只是我们所知道的表面的成功信息，却不知其背后的艰辛，且不说康纳利在去参加比赛之前所遇到的糟糕情况，我们只是说康纳利从小就开始练习跳远，但直到上大学之后，才有幸参加了奥运会，因此展露了自己的才华，这其中忍耐的时间何其漫长，但康纳利都忍受过来，并且一直没有放弃，最终赢得了成功。

每一个真正的成功者，他们都是长跑中的胜利者。你是一颗金子，不管在哪里都会发光。所谓“真金不怕火炼”，在经历了许多磨炼之后，金子会褪下朴素的外表而呈现出金光闪闪的一面。

每个人都有自己的优点和缺点，天生我材必有用，只要找准自己的位置，长久地坚持下去，每个人都会发光。生活中，许多人总是郁郁不得志，其原因不是他们不够优秀，而是他们没有足够的耐心，在漫长的磨砺过程中，他们丧失了太多的信心，没能坚持下去，结果在成功到来之前就选择放弃了。

启示

朝着一个方向不断地坚持，总有一天，你会成功。就好像炼金一样，这个过程是异常痛苦而枯燥的，但只要你坚信自己是一颗金子，并且努力地坚持下去，直到有一天，我们就会像金子一样闪闪发光。

比努力更重要的是打开局限思维

当一条路走不通的时候，要学会另辟蹊径，发掘新思路。这是一个脑力制胜的年代，谁的想法更高明、更有效，谁就更容易提升自己的价值，获得财富的垂青。据一项调查研究表明，在众多亿万富翁的发家史中，我们发现了这样一个规律，那些头脑灵活，敢作敢为的人，远比那些拥有高学历却头脑死板的人更有前途。

很多亿万富翁的第一桶金，都源于头脑中灵光的一闪。在前进的路途上，如果我们钻进了死胡同，那就要学会改变思路，挖掘出新的想法，这样才能给我们的生活带来不一样的变化。

实际上，头脑是一切竞争的核心，因为它不仅会催生出创意，指导实施，更会在根本上决定成功。它意味着改变外界事物的原动力，如果你希望改变自己的状况，获得进步，那么首先要从改变思维开始。

或许，我们不应该拜金，但对财富的追求，对财富的渴望，却不可削弱。这不仅仅是改善生活的需求，更是激发大脑潜能，调动大脑思维的最原始动力。很多时候，灵活的头脑和卓越的思维为我们提供了这种本领，深入地洞察每一个对象，就能在有限的空间，成就一番可观的事业。

无论我们做什么事情，如果总是在别人用过的套路中打转转，那只会束缚自己的思维，这时你应该做的，就是跳出框框，别被固有的思想禁锢。当经验在大脑里越积越多，甚至形成一种思维定式的时候，人们总习惯用自己的价值标准和思维模式来评判事物，这就是所谓的“思想僵化”。

通常情况下，越是在机遇面前，一个人的心理越是趋于保守，就越容易陷入这样的困境，也就很难去做任何事情。生活在这个变化莫测的世界，时代总是向前，逆水行舟，不进则退，如果你不愿意创新自己的思想，总有一天，你会被这个社会所淘汰。

学会逆向思想，开拓思维，因而巧妙地解决了难题。人和动物最根本的区别就在于有思想、有思维活动，但是，思想也是需要推陈出新、不断更新的。否则，总是被固有的陈旧思想束缚，只会一事无成。

成功者说：“财富是想出来的。”其实，一个人要想成功，不仅仅要养成思考的好习惯，还需要不断地创新自己的思想。生活中最大的成就是不断地自我改造，以使自己悟出生活之道。

生活中，我们要善于逆向思考，也就是对司空见惯的已成定论的事物或观点反过来思考的一种思维方式。在漫漫人生路上，许多人利用思维的变化找到了成功的机会，相比之下，那些不善于变通的人，纵有一身过硬的本领，也因不懂灵活变通，而无法捕捉和把握稍纵即逝的机会，从而无法成功。甚至有的时候，机会向他迎面走来，他也会视而不见，导致成功与自己擦肩而过。

在人们的传统思维中，电梯只能安装在室内，却想不到电梯也可以安装在室外，像这样固守成法、循规蹈矩的人比比皆是。问题不在于他们的技术高低、学识多寡，而在于他们突破不了传统的思维方式。工程师和建筑师被专业常识束缚住了，洁清工的脑子里却不按照循规蹈矩的思路思考，而是逆向思维，这才想出了令专家们大跌眼镜的妙招。

一切改变是从思想开始的。一旦我们改变了思考问题的方式，那我们所获得的答案将会有所不同，而这将给我们所面对的问题带来很大的帮助。在很多时候，当我们按照司空见惯的思维去思考问题，那得出来的答案永远是有限的，这时我们要善于利用逆向思维，然后你会得到一些意想不到的答案。

启示

只有开阔思路，扩展思维，你才能最大限度地获取有益的信息，从而促成自己获得辉煌的成就。对于那些敢于冲破固有思维的人来说，他们永远不会跟随众人的思维模式，而是独辟蹊径，那是他们身上的一种特质。

做事的专注，决定了努力的价值

在成功人的思想里，世界上没有一步登天的奇迹。所以，他们恪守自己“脚踏实地”的原则，做任何事情都循序渐进。他们明白，要想获得成功，就必须从每一件小事做起，哪怕是一件微不足道的小事。只专注于现在所拥有的工作，用投机取巧的方法来获得成功，是永远不可取的。可能你在短时期内能获得一两次成功，但是不能获得长久的成功。他们更愿意通过添加一砖一瓦，踏踏实实地坚守自己的岗位，最后打造出属于自己的一片天地。

犹太人哈同从一名看门工做到了商行的老板，正是体现了无比崇高的敬业精神。一个看门工，可能是大多数人都瞧不起的职业，换作别人是不愿意干的，他们觉得自己相貌堂堂，年轻高大，怎么会屈于当站门雇员。可是哈同不这么认为，他认为这是他成功的一个起点。我们仔细注意到哈同的工作历程，就不难发现他成功的秘诀，那就是“脚踏实地，循序渐进”。他对自己的每一份工作都做到勤勤勉勉，忠于职守，并且不急于求成，而是循序渐进，慢慢登上成功的宝座。

《塔木德》中有这样一句广为流传的格言：“罗马不是一天建成的。”而聪明的犹太人正是坚信这样的道理，所以才能够在世界享有盛名。中国也有句相似的格言“千里之行，始于足下”，它们所表达的是同一个意思。我们在面对任何一件事情的时候，都要脚踏实地，才能做到循序渐进，获得最后的成功。正可谓“一屋不扫，何以扫天下”。凡成大事者需要从小事做起，踏踏实实地做好生活中的每一件事，小事做多了就成了大事。

只要你认真做事，用心做好自己职责范围内的事情，终有成功的一天。所谓的认真做事，也就是不马虎，以严肃的态度或心情对待，不仅如此，还需要集中注意力，专心致志。

认真，并不只是照章办事，按照条例标准把工作完成而已，而是不仅按照规章办事，还需要将规章和规律有机地结合起来，灵活地加以变通运用。比如，对于一个工人而言，完成十个零件的加工，而且在完成工作量的基础上还需要做到降低能耗，提高精度，缩短工期，这就是认真。

认真做事，并不是轻而易举的事情，它需要我们开动脑筋，投入时间和精力才能达到。同样是做一件事情，仅仅做完是一种态度，而在做完之后还进行细致的检查才是一种认真的态度。而且，在做事的过程中一直坚持这种绝对认真的精神，这样的神采是最容易打动人的。

认真做事，也就是力求达到内在的完美与和谐。在日常工作中，我们各司其职，更需要认真做事，体现自己作为一个工作人的职责与精神。当一个教师按照教学大纲的要求备好课上好课，这是一种职责，但如果教师在传道授业解惑的同时还可以顾及到学生的体验，争取用最佳的办法，最好的形式以及最合理的时间把知识传授给学生，那就不是简单地完成任务，而是认真做事了。

一个人的成功是跟他是否勤勉有重要关系的。如果一个人是勤奋的，那么他就拥有了成功的机会；如果一个人是懒惰的，那么他就不一定成功。人们通常认为，勤勉和成功是互相制约的，经常会有很多人因为自己的勤勉而成功，但却很少有人因为懒惰而成功。虽然你的勤劳不一定带给你成功，但是无论如何，每个人都要辛勤工作，因为这是获得成功的最基本条件。

有一次，哈德良皇帝看见一位老人正在努力种植无花果树，他于是问：“你这么努力是希望自己能品尝到最后的果实吗？”老人回答说：“我这把年纪了，即便我不能活到收获果实的时候，那我的孩子们也会品尝到，上帝会看到我的努力。”哈德良皇帝说：“假如你能获得上帝的特赦，品尝到无花果，那请你来告诉我。”

在老人的有生之年果然品尝到了无花果。他还记得哈德良皇帝的话，于是提着满满一篮子无花果去见皇帝。老人说：“我就是你曾经见过的那个种无花果树的老人，现在无花果成熟了，这些无花果是我的劳动成果。”哈德良皇帝命他坐在金椅子上，把他的篮子里装满了黄金。可皇帝身边的仆人表示反对：“您想给一个老年人那么多荣誉吗？”哈德良皇帝回答说：“造物主给勤劳的人以荣誉，难道我就不能做同样的事吗？”

哈德良皇帝说得很对，上帝和人们通常都把奖赏给那些勤勉的人。因为老人的勤劳，所以他得到了上帝的特赦，在自己的有生之年吃到了无花果。在西点人看来，懒惰将会使一个人一事无成，所以他们选择了勤勉，只有勤勉的人才会尝到胜利的果实。这样劝告世人：“最难受的工作是无所事事，最愉快的工作是人们忙于工作。”

有的人崇尚工作，他们十分讨厌整天无所事事，到处游走，那是他们觉得很难受的事情，而整天勤勉甚至紧张的工作才是他们所喜欢的。成功人的生存之法就是培养自己勤勉的习惯，因为这是成功的关键。

韩愈也曾说过：“业精于勤荒于嬉，行成于思毁于随。”一个人要想成就一番事业，一定要守住“勤”字，忌掉“惰”字。面对你的生活或者事业，你用什么样的态度来付出，就会得到相应的回报。如果你以勤付出，回报你的，也必将是丰厚的硕果。相反，那些懒惰的人，生活是不会赐予他任何东西的。

启示

懒惰的人是思想上的巨人，行动上的矮子。如果你懒惰地面对你的人生，那么就是把自己的生命一点点送入虚无。一个成功的人，是不会让懒惰有任何可乘之机的。每个人都要时刻提醒自己："成事在勤，谋事忌惰。"

学会忍耐，注重积累

福楼拜说："天才，无非是长久的忍耐。"我们以为天才就是光鲜亮丽地站在成功的金字塔上，却无法想象其背后的忍耐和艰辛。生活中那些看似刁难你、折磨你的人，往往能够造就你更快取得成功；看似折磨、煎熬你的环境，却总能历练出最后的强者。因此，在困境中，要懂得忍耐，持续努力下去。对于年轻人来说，如果你不愿让命运来主宰你的一切，但又没有扼住命运咽喉的本领时，切记，学会忍耐，注重积累。

谚语云："万事皆因忙中错，好人半自苦中来。"吃得苦中苦，方为人上人。要成就一件事情，须观察时机，等待因缘，不可操之过急。受苦忍耐是一种承担、一种处理、一种等候，也是对因缘法的认识。许多事业有成者都在忍耐多次失败后，愈挫愈勇，最后取得成功。

俗话说：忍字头上一把刀，这把刀让你痛，也会让你痛定思痛。这把刀，可以磨平你的锐气，也可以雕琢出你的勇气。百忍成钢，当你的心性修炼得犹如镜子般明澈、流水般圆韧时；当你切切实实生活在不以物喜，不以己悲的宁静中时；当你发觉胸中不断流动着“虽千万人而吾往矣”般的勇气时，历经千锤百炼，你的刀也就炼成了。忍耐并非懦弱，只因你看得更远，有更大的追求。

年轻人幻想一夕有成，不如在艰难困苦当中忍耐，一旦时机成熟，必然水到渠成。宋人苏轼在《留侯论》中说：“古之所谓豪杰之士者，必有过人之节，人情有所不能忍者。匹夫见辱，拔剑而起，挺身而斗，此不足为勇也。天下有大勇者，卒然临之而不惊，无故加之而不怒，此其所挟持者甚大，而其志甚远也。”

新东方总裁俞敏洪在他的博客里讲过一个关于捡砖头的故事。俞敏洪的父亲是个木工，常帮别人建房子，每次建完房子，他都会把别人废弃不要的碎砖瓦捡回来，有时候父亲在路上走，看见路边有砖头或石块，他也会捡起来放在篮子里带回家。

时间长了，家里的院子就多出了一个乱七八糟的砖头碎瓦堆。直到有一天，俞敏洪的父亲在院子一角的小空地上开始左右测量，开沟挖槽，和泥砌墙，用那堆乱砖左拼右凑，建成了一个让全村人都羡慕的院子和猪舍。

当时俞敏洪只觉得父亲一个人就盖了一间房子，很了不起。长大后，俞敏洪才从一块砖头到一堆砖头，最后变成一间小房子中体悟到做成一件事情的全部奥秘。

“一块砖没有什么用，一堆砖也没有什么用，如果你心中没有一个造房子的梦想，拥有天下所有的砖头也是一堆废物；但如果只有造房子的梦想，而没有砖头，梦想也没法实现。”家里穷得揭不开锅的时候，要不急不躁，学会忍耐，继续努力，要积攒足够的砖头来造心中的房子，捡砖头的精神后来就成为俞敏洪做事的指导思想。

罗曼·罗丹曾说：“只有把抱怨别人和环境的心情，化为上进的力量才是成功的保证。”经受别人的考验、提升自身的张力，你才会在人头攒动的人海中脱颖而出。或许你仍在向往一帆风顺，可是面对现实的曲折的人生，所谓的一帆风顺只能是心灵的一种慰藉。坚信唯有奋斗不息才能够成为命运的主人，而在这一步步的努力中，你必须学会忍耐。

启示

忍耐不是逆来顺受，不是消极颓废，也不是在沉默中悄然降下信念的帆。忍耐是当一根火柴燃烧到一半的时候，接受另一半炙热的煎熬。学会忍耐，挺起坚强的脊梁，用快乐和潇洒清扫尘灰般的意志，人生不论是低迷抑或高涨，都将因努力而变得壮美如画。

第06章 改变不了世界，改变自己也很好

这个世界上总有一些令我们无法接受的事情，既然无法改变，不如先改变自己。等你做好了自己，从各方面提升了自己，厚积薄发，便是为明天出发而点滴积累，改变了自己，你会发现世界也变了。

在沉寂中积蓄能量

任何一个人都知道，工作是我们获取各种生活物质的来源，一个人没有工作，就意味着他可能没有收入，也就没有生活保障，因此，从某种程度上来说，我们应该感谢工作，而事实上，工作的意义远不止于此，一个人可以通过工作积累各种经验和能力，在工作中获得成长。

生活中，并不是所有人都能认识到这一点，我们经常看到，人们或因为报酬不理想而放弃现在的工作，或为了一份薪资更好的工作而放弃快乐；或在现有工作岗位上“做一天和尚撞一天钟”“得过且过”，因为他们工作的目的就是为了每月按时发放的薪水，试问，做这样的工作你快乐吗?

失去工作就等于失去快乐。只有工作才能给你带来乐趣，而不是金钱！因此，我们要为自己工作，做一行就要爱一行，但是令人遗憾的是，有些人却要在失业之后，才能体会到这一点！他们总是抱怨：“我们只不过是奴隶，我们被雇主压在尘土上，他们却高高在上，在他们美丽的别墅里享乐；他们的保险柜里装满了黄金，他们所拥有的每一块钱，都是压榨我们这些诚实的工人得来的。”但你是否想过：当有一天，你真的拥有了数不尽的金钱、根本无须工作时，你真的就快乐了吗？当然不是，这就如同寓言中的人一样——如同身处地狱！

那么，从现在起，如果你想真的快乐起来，就需要热爱你的工作，并为自己工作，只有抱着这样的心态，你才能真正从工作中获取知识、丰富自己。

接下来有四个实际步骤供你省察一番，让你反省是否知道自己在做什么。试用一点点时间来思考一下，也许你会为你所发现的真相感到惊讶。

你要始终确立和保持不甘落后、积极向上、奋发有为的精神状态，清醒地认识自己肩负的责任，切实增强时不我待、只争朝夕的紧迫感，食不甘味、寝不安席的责任感，树立强烈的事业心和进取意识。如果把所从事的工作只当成一个混饭的营生，那么，你就很难有工作积极性，也就很难做好工作。

金钱是永远赚不完的，因此不要将赚钱当作借口。无论我们在月中或月尾拿多少钱回家，我们总觉得钱不够用。赚钱只是工作的一部分，你在工作中获得的满足感应该超越金钱的报酬。

请记住一点：当初你为何会接下这份工作？如果这只是一份临时的工作， 你是否认真考虑将来你真正想做的是什么事？

然后再问你自己：因着我的投入，这份工作是否不一样？正确的价值观在个人成就感及福祉中扮演着重要角色。

检讨自己为何做现有的工作并不代表你不满意它，只是做一些自省工夫。这样的省察会使自我意识带出良性的工作成就感、加深自我实现的意志以及知道自己真正在做什么。

如果在工作中找不到你喜爱的部分，或发现你成为自己不想变成的人，你可以考虑是否是以下原因造成的：也许你并不真需要一份新工作，只不过是要找一个新方向。还有你是否喜欢工作中的自己？若答案为否，你能够做一些改变吗？或者问题出在工作本身？你是否要换到另一部门工作？是否有其他的事情使你无法完成该做的工作？所以也许你只需要重新调整好焦距，审慎地选择你该花费的时间。

人人都想向上发展，工作当然是为了自己，目标其实不需要你去寻找，它就在你的面前，如果你是一个打工者，那么你先给自己定一个小目标，例如，在半年里你需要拿到多少工作业绩等，然后朝着自己预定的目标去奋斗。

启示

当我们能做到为自己工作，为明天积累时，那么，你将拥有更大的挥洒的空间，更多的实践和锻炼的机会，为自己工作，能够让你在工作岗位上更主动更积极地处理各项事务，为自己不断开创新的工作机会和发展空间！

打破“瓶颈”，做最出色的自己

有人说，生活就如同一本书，我们在阅读它的时候，会了解到很多人生的道理，其中一条就是：做人要自信。只有在心中填满自信，才能做最出色的自己。

人活于世，靠的就是自信。只有自信才能让你看到人生的航向，找到前进的目标，让你找到真实的自我，而如果一个人缺乏自信，他在这世上就过得昏昏沉沉，迷失自我，甚至被世界所遗忘。自古以来，那些成功者，为什么能实现自己的人生目标？因为自信！因为自信是成功人生的奠基石，自信是成功的第一秘诀。李白曾说：“天生我材必有用，千金散尽还复来。”这就是自信。我们每个人都应当有这种自信，因为一个人只有相信自己，才可能采取行动，去完成自己的事情。自信是走向成功的第一步。

华罗庚在数学上的成就来源于哪里？来自于自信的力量。一个人若要获得成功，若要活出精彩的人生，首先要战胜自己，战胜怯弱，战胜自卑！

然而，现实生活中，总有这样一些人，他们内心自卑，因为在某些外在条件，如钱财、相貌、学历、社会地位上不如人，他们就妄自菲薄、看低自己，认为自己矮人一截，于是，他们总是闷闷不乐，在与人交往的时候也是小心翼翼、亦步亦趋，更为严重的，他们不能正常地工作、学习和生活，把自己压得喘不过气来。其实这种想法是不对的，这只是一种自我折磨。俗话说："金无足赤，人无完人。"所以，我们应该给自己一份鼓励、一份信心！

任何一个人，要想获得自信，就必须认识到一点，那就是真正的自信来自于我们的内心世界，源于我们对自身的客观、公正的审视与分析，这包括对我们自身的优势与劣势、成功处与失败点等，这些将奠定我们自信的基础。

我们要意识到自己的信心在哪方面是欠缺的，只有找到这一点，才能更好地"查缺补漏"。比如，你是否对自己的工作能力感到力不从心，或者当你与一个比你更有实力的伙伴合作时，你是否感到自卑？那么这种畏缩与自卑是从何而生的呢？我们必须对此进行认真的反思。

不得不承认，我们与他人在很多方面的差距是与生俱来的，比如长相、身材、家境等，但是，通过后天的努力，我们依然可以改变很多，比如个人能力、阅历。生活中，一些人面对与他人的差距，会怨天尤人，但抱怨并不能改变这种差距。而你要缩小这种差距，甚至超越他人，就必须挖掘自己内心的力量——自信，设置与把握正确的人生目标，以及运用这些能量向着我们所设定的目标努力，并采取一些具体的行为。只有这样，才能达到一种心理平衡。但这不仅仅是一种心理平衡，在富有耐心和坚毅的努力过程中，我们将逐渐显示自己的优势，超过别人，超过那些我们以前自以为不如他（她）的那些人。

你要坚信，自我暗示与肯定，是一种良好的训练。因为这些肯定性信息能反馈到我们大脑中，产生我们真正所盼望的自我改进与自我完善，从而会促进我们改善身心。当我们坚持这种训练，并且在坚持一段时间之后，就会发现，自我暗示，自我肯定绝不是白日做梦，绝不是自欺欺人，而是一种有效的自我激励与精神升华的手段，它帮助我们重塑自己的人生，重新构筑自己的身心世界。

然而，自信不是盲目的自大，不是乱拍胸脯，而是智慧与才能的结晶。没有自信心不行，没有脚踏实地的钻研学习也不行，就好像一艘船失去了帆或舵漂泊在洋面上一样。固然，盲目的自信是自大，不可取，而妄自菲薄过度自卑更不可取。所以我们凡事都要尽力而为，给自己一定的信心，让生活变得更加精彩。

世界酒店大王希尔顿用200美元创业起家，有人问他成功的秘诀，他说："信心。"而美国前总统里根在接受《SUCCESS》杂志采访时说："创业者若抱着无比的信心，就可以缔造一个美好的未来。"信心是成功的助燃剂，对自己多一分信心，成功就可以多十分。在生活中，许多人对自己缺乏自信，当他们去做一件事情的时候，总是担忧地说："我觉得这件事不可能做到。"其实，他们在质疑这件事的难度的同时无疑是在否定自己的能力。当一件事情还没有开始的时候，就先否定了自己，结果那些本可以成功的事情就真的变成了不可能。信心是一切成功的保证，只要你相信自己，那么，就没有什么不可能。

不自信常常会使人们失去了成功的机会，或者让我们放慢了前进的脚步。由于普朗克对自己缺乏自信，使整个物理理论停滞了几十年。所以，任何时候，都要相信自己，不要怀疑自己，而是努力、勇敢地证明自己，这样我们才有可能站在成功的顶峰。

当这位自卑的青年受到某种刺激的时候，也激发了他的自信心，于是，他开始重新振作，并开始努力实现自己的人生目标。艺术大师徐悲鸿曾说："人不可有自负，但不可无自信。"如果这位美国青年还是那样自卑，或许，他到现在还是一事无成。

在生活中，有许多身有残疾或者处于逆境中的人，他们之所以能取得别人难以想象、难以达到的成就，正是因为他们有一股强大的精神动力——自信心。一个自信心很强的人，他会相信自己的力量，无论什么样的困难与挫折都不能阻挡他前进的步伐，从而赢得成功。

启示

一个对自己缺乏自信的人，他看不到自己的力量，看不到自己的优点与长处，在追逐成功的过程中，他失去了克服困难的信心和勇气，最终，他们只能面对失败，与成功失之交臂。人生需要自信，永远不放弃，坚定地走下去，那么一切皆有可能。

在磨炼中奋勇前进

人生在世，短短数十载，岁月无痕，晃眼如烟。正因为人生的短暂，所以我们不能就此放弃，不能因为它的短暂而不思进取。不满足现状，时刻保持进取心和斗志，最终的结果一定是现状持续在改善。而满足于现状，容易使人懈怠、不思进取，最后连现状也维持不了。

在我们生活的周围，有一些人错误地认为只要“安于现状”就是“知足常乐”，甚至有些人会发扬阿Q精神，他们毫无危机感，对现在的处境感到非常乐观：既然有了一份好工作，还担心什么呢？既然已经嫁为人妇、找到人生的另一半，就该放弃工作了；既然工作上已经取得了这么大的成绩，该好好地放松一下了……然而，当今社会，创新已经成为企业、社会、国家发展的重要主题，每一个角落都需要知识、需要创新、需要正确决策、需要科学管理。我们每个人也必须提高警惕，不能满足于现状，只有不断努力，才会不断完善和充实自己。

鲁迅先生说过："不满是向上的车轮，能载着不自满的人类向人道前进。"新闻集团总裁鲁伯特·默多克的第三任妻子、MySpace的中国负责人——邓文迪，她也曾说："我是一个进取上进的人，无论做什么都会尽心尽力。人生充满了跌宕起伏，不管是顺境还是逆境，我都会找到美好的东西，使生活尽可能地完美。"满足是成功的绊脚石，我们要不断地归零，不断地进取。人要有欲望，不满足，是进步的先决条件，唯有不自我满足的人才能不故步自封，这才是前进的动力，不要满足于现在的自己。好还要求更好，时时超越自己，才能在人生的旅途中找到成功的路，创造一个更美好的人生！

永远不要满足现状，只有不断进取才会让自己做到更好！平凡的人之所以一事无成，就是因为他太容易满足而不求进取，一旦得到舒适安逸的位置，便混吃等死。这样，他一生只会盲目地工作，挣取勉强温饱的薪金，最终也只能碌碌无为。至于追求成功的人，他会尽力寻求不满足的地方，以发现自己的缺点。

当你早上睁开眼睛，就看见外面明媚的阳光是那么灿烂美丽，再呼吸一下新鲜空气，整个人都是清爽的，充满了精神。也许并不是每一天你都能感受到大自然的美好，但是日落之后，黎明到来，新的一天就开始了。有人说“当我看到太阳从地平线上升起来时，就知道这又是崭新的一天了”。聪明人，要把每一天都当成一个新的开始。昨天无论多么困难，毕竟都过去了，从每一天开始，你要精神百倍地迎接新生活。

把每天当作新生，“生活中的每一个人，在任何一个瞬间，都可能站在两个永恒的交汇点上，但是这一点已经永远地成为了过去并延伸到无穷的未来”。所以我们不可能生活在两个永恒的中间，连一秒的持续时间也没有。如果你总是停留在过去的阴影里，这种状态就会摧垮我们的身体和精神。所以，我们能够做的就是把每一天都当作新生，并为活在这一刻而自豪。罗勃·史蒂文生写道：“从现在一直到我们上床，不论任务有多重，我们每个人都能支持到夜晚的降临，无论工作多么艰苦，每个人都能做自己当天的工作，都能很开心、很纯洁、很有爱心地活到日落西山，这就是生命的真谛。”生命的真谛就在于把每一天都当作新的一天来度过，这样你才会把自己所有的时间和热情都放在今天，让你的生命焕发出无限的潜力。

人最可悲的就是，无视窗口的玫瑰在悄悄绽放，而去梦想着天边奇幻的玫瑰园。如果你总是怀着一些悲伤的、孤寂的心情去度过一天，那么你就会什么事情都做不好，反而内心的恐慌会变本加厉地折磨你，你会日渐消沉，陷入人生的黑暗。无论你在生活中遇到了什么，都不要害怕，因为你每天只需要活一天。

随时保持一份乐观的心情，记住每一天都是一个新的开始，不要沉浸在昨天的回忆中。新的一天，就要用尽全身的力气去表现，把自己最美丽的一面展示出来，让自己的每一天都充满了精彩和欢乐。

那些成功者无不把“居安思危”四个字当成人生的座右铭，“居安思危”不一定适合每个人，但“居安思变”却是每个人都能做到的。

曾有人说：一个人如果自以为已经有了许多成就而止步不前，那么他的失败就在眼前了。许多人一开始奋斗得十分起劲，但前途稍露光明后，便自鸣得意起来，于是失败很可能立刻接踵而来。所以，切莫得意忘形，必须更加积极奋发，以使成绩永久不坠。

成绩得来不易，但更难的是如何保持好成绩。继续维持现在所拥有的，对于想要维持现状的这种观念是采取“守”的态度，终究会演变成消极的态度，而失去以前所拥有的积极及前进的动力，成长便会停顿。

启示

不满足现状的人，要么是胸有大志者，要么是贪得无厌者，因此我们要做不满足现状的人，绝不做贪得无厌的人，因为“欲望无止境”！

变化是人生的主旋律

无论何时，人们追求幸福的脚步从未停止过，我们渴望成功，渴望辉煌，但事实上，幸福的定义到底是什么呢？有些人辛辛苦苦忙了一辈子，却一事无成。也有一些人，他们的人生看起来很精彩，但没有一处亮点，没有一点辉煌，灰蒙蒙一片，不值得一提。

从古至今，有太多的人甘愿做井底之蛙，甘愿墨守成规，假如人生是一次旅行，那么，他们就只是在毫无波澜的平原上缓慢前行，毫无精彩之处。人生苦短，转瞬百年，真正的幸福就是做自己，听自己内心的声音，有张力的人生才与众不同，才会看到更远处的风景，首先，你要做的就是突破自我，解放自己。

可能我们都听过卡梅拉的故事：

母鸡卡梅拉厌烦透了鸡窝里的平凡生活，来一次长途旅行是她的第一个梦想，在海的另一边，她结识了火鸡皮洛克，并且把他带回了家，他们俩生下了一只粉色的小鸡——卡梅利多。当卡梅拉开始专注于生活的时候，卡梅利多开始追求它的梦想了：“生活中肯定还有比睡觉更好玩的事情！”……

这个故事中，卡梅拉家族里的每个人都是那样的与众不同。他们敢于幻想，更敢于去尝试别人不敢想的事情。他们不安分于父母的安排，不满足于现状，执着地追求那些种群中认为不可想象的事情。当我们还处于孩提时代时，我们也是天不怕地不怕，我们拥有自己的梦想并且努力地奋斗，勇敢地追求我们的梦想。

而当我们长大成人、成家立业的时候，责任又驱使着我们追求稳定，而往昔的梦想更多成为一个美好的回忆，于是，我们搁浅了自己的梦想，停止了突破的脚步……

美国首富保罗·盖帝说：“墨守成规乃致富的绊脚石。真正成功的商人，本质上流着叛逆的血。”在《杨澜访谈录——专访希拉里》中，有这样一段话："追求自己觉得重要的事情，敢于冒险，不随波逐流，去追求你的梦想。要充分认识自己和相信自己，要倾听自己的心声，做自己喜欢做的事，做那些充实我们生活的社会生活职业生涯的事，那样我们可能会经历变化，我们的人生道路可能会改变，追求自己觉得重要的事是最好的生活方式！"

因此，我们要勇敢地追求自己的梦想，这样至少能不断挖掘出我们内心的潜力，真正知道我们所需要的东西，切切实实去体验生活中的一切。那么，我们怎样才能让人生更有张力呢？

"天将降大任于斯人也，必先苦其心志，劳其筋骨，饿其体肤……"很多人心中都有成才成功的梦想，而真正能做到优秀的人却是少数。不是因为这些人墨守成规，也不是因为这些人不够聪明，而是因为他们缺乏成才成功的坚实基础和坚忍的毅力。

诚然，现今社会，人人都追求张扬的个性，但不能忽视的是这种张扬这种个性应该建立在内心足够强大根基足够宽广的基础之上，否则我们只能是任人摆布的玩偶，或者是单一的皮影，永远不会是一个鲜活的生命。

因此，一个人若想不断进取，就不能腹中空空如草莽，就应努力充实储备各种能力各种知识或各种能为自身发展所用的东西，待时机成熟，再跨上另一个高度。

所以，任何人都应趁着年轻还有时间和精力，多做对增加自己人生厚度、增添人生张力有益的事情。可能很多人对目前所从事的工作不满，因为薪水很低，甚至还需要自己委屈求全，但如果你确实能从中学到东西，增长才干，那么不妨给自己制定一个做这份工作的期限，在这个期限之内尽自己所能充分学习充分提升自己，在到达这个期限之后你尽可以潇洒地向更高的目标迈进，或者到那时你发现自己已经站到了一个相当的高度来审视这份工作。

年轻没有失败，失败了可以从头再来，获得却是经验和积累。博观约取，厚积薄发，古人早已为我们把人生态度总结得精辟而透彻。我们自己需要做的就是向着自己的目标不断迈出坚实有力的步伐。

人生多曲折，但人生也多快乐！一个人要想成功突破自我，保持人生的张力，就必须有一颗平常心，并经得住各种人生的考验，因为改变带来的不一定是快乐，也可能是痛苦，你必须有平常之心彰显你对人生理解的弹性，否则你必然难以应对来自四面八方的咄咄压力。

启示

人生没有什么可以循规蹈矩，变化就是人生的主旋律。人生犹如生活在很多大大小小的圆圈之中，当骄傲、自满时，自己就只能生活在愚昧、无知的小圆圈之中，只有不断地突破自己，加强学习，才能走出小圆圈，跨入大圆圈，走向进步和成功！

冲破黑暗，才能沐浴阳光

一位来自城里的记者询问在夜间忙碌的农民："为什么要在夜间翻地呢？"农民回答说："在夜间翻地，野草的生长率会降到2%，但若是让野草照到一缕阳光，它们便会快速增长，生长率高达70%呢。"听到这样的回答，记者当时惊呆了，他并不是因为快速生长的野草会影响农作物，而是被野草的生命之美所感动。

野草，本来是多少不起眼的小生命啊，但是，因为那一缕阳光的生命力，怀抱自信，带领着野草冲破黑暗，沐浴阳光。就连野草这样卑微的生命都对自己充满了信心，我们人类为什么要自卑呢？

自卑是一种因过多的自我否定而产生的自惭形秽的情绪体验，其实，在生活中，几乎每个人都有自卑心理，只是程度不同而已。适度的自卑能够激励人们发奋努力，获得成功，相反，过度的自卑，则会影响一个人的心理、行为乃至事业成就。那些对自己缺乏信心的人过度关注自己的生理缺陷和能力的不足，导致其心理承受能力十分脆弱，经不起较强的刺激。他们很容易对他人产生猜疑、嫉妒心理，行为总是畏首畏尾、瞻前顾后。

或许他们本可以成为优秀人才，但是，因为看不到自己的特长，不敢发挥自己的优势，最终只能碌碌无为。自卑，就好似一个陷阱，阻碍人们继续前进。因此，丢掉自卑，让自信的阳光洒满心房。

其实，很多时候，自卑是源于人们内心的比较，越比较越觉得自己处处不如人，结果，内心就越来越自卑。但所谓“天生我材必有用”，上天从来都是公平的，它会眷顾每一个人。在它为你关上一扇门的同时总会为你打开一扇窗，如果你总是怀着自卑之心，又怎么能得到上天的眷顾呢？自信是一个人跨越成功门槛的动力，丢掉内心的自卑，提升自信，这样，你向前的脚步将会变得更加轻盈。

拿破仑说：“只要有信心，你就能移动一座山。只要坚信自己会成功，你就能成功。”可是，在生活中，拥有信心的人并不多。自信本身并不神奇，也不神秘，但是，如果你相信自己确实能够做到，自然就会信心百倍。

读过《简·爱》这本书的人都会被自信的简·爱所吸引，在书中，家财万贯、性格孤僻的庄园主罗杰斯特为什么会爱上地位低下而又其貌不扬的家庭教师呢？答案其实很简单，因为简·爱自信、自尊，富有人格的魅力。正是这种自信的气质与魅力，使她获得了罗杰斯特由衷的敬佩和深深的爱恋。有人在研究当代世界名人的成长经历之后发现，这些名人对自我都有一种积极的认识和评价，表现出相当的自信。坚定的自信心，不仅使人在事业上不断进取，达到既定目标，而且，使人在性格上重塑自我，增添人格魅力。

对成功者，有人这样提问："你保持自信的秘诀是什么？"成功者笑着说："因为我有一个很好的习惯，刮完了胡子，洗完了脸，我会给镜子里的自己一个微笑，每天坚持这个习惯，令我一整天都信心十足，每次遇到了问题，我总是安慰自己，我是最棒的。"原来，对自己微笑是增强自信心最有效的方法之一，当我们内心感到自卑的时候，不妨送给自己一个微笑，你会发现，你所遇到的困难远没有你想象中的那么糟糕，而你很有信心去应付这一切。

要知道，一个微笑足以让内心的自卑无处遁形。林肯曾说：

“多数的人快乐的情形，跟他们所决心要快乐的差不多，一些打工者，他们的生活是艰苦的，但我们还是看到许多快乐的脸孔，这脸孔无异于在大城市的冷气办公室所看到的。”林肯自信的方法就是对自己微笑，于是，在多次竞选失败之后，他最终成了美国历史上伟大的总统之一。

李嘉诚在谈到自己的经营秘诀时说：“其实并没有什么特别，不过是光景好时决不过分乐观，光景不好时决不过度悲观。”

菲尔普斯从小就开始练习游泳，他一直告诉自己：“我要做专业运动员，我要拿奥运金牌，我要打破纪录。”在北京奥运会之前，菲尔普斯曾微笑着说：“我要拿八枚金牌。”当时，许多人都嘲笑他，但是，他最终凭着自信的微笑打破了世界纪录，个人荣获了八枚金牌，因为自信造就了成功。

小王大学毕业后，进入了一家大公司，虽然自己拿着名牌大学的毕业证，但却只得到了一个办公室文员的职位，这令小王十分苦恼。另外，由于小王不太善于表现自己，内心有着强烈的自卑感，使得他的才能无法施展开来。过了一段时间，小王觉得生活压力越来越大，浑身都没有精神，莫名其妙地失眠。他觉得自己有心理问题，在一个星期天，他走进了一家心理咨询中心。面对医生，小王倾诉了心中的苦闷，不过，医生并没有给他任何劝导，而是提出一个小小的要求：“每天早晨起床后，什么都不要干，先对着镜子里的自己微笑一下，在一天的工作中，如果感到苦闷了，就找到有镜子的地方，送给自己一个微笑。”小王半信半疑，但是，还是照心理医生的话去做了。

一个星期之后，小王又走进了心理咨询中心，医生问他：“感觉怎么样？情况是否有所改观？”小王感慨地说：“真没想到，这个办法真的很灵验。”刚开始照镜子的时候，小王被自己的样子吓了一跳：眉头紧皱，满脸沮丧，活脱脱一张苦瓜脸。虽然，以前他也会对着镜子剃须、洗脸之类的，但那时都是面无表情，小王意识到自己好久没有认真地审视过自己了。他细想起以前自己是一个快乐的小男孩，也是喜欢笑的，可是，现在当他第一次对自己微笑的时候，却发现笑容十分僵硬。

后来，小王开始每天对镜子里的自己微笑，他在镜子里看到了一个快乐的自己，他感到浑身的力量回来了。他开始有意或无意地展露自己的才华，不久之后，他就被提升为部门助理。

讲述完自己的改变，小王有些疑惑地问医生：“请问这是什么道理呢？”医生笑着说：“当你对自己微笑，其实就是不断地给自己加油打气，微笑赶走了你内心的自卑感，你变得信心十足，因此，你的生活和工作都有了较大的影响。”听了医生的话，小王恍然大悟，同时，将“对自己微笑”作为自己的座右铭。

有人说："一个人的才能固然重要，但相信自己一定能成功的想法才是决定成败的一个关键因素，因为在遇到同样的挑战和失意时，自信的人和自卑的人各自采取的处理方式会截然不同。"提升自信心最有效的途径就是：每天出门之前，站在镜子前挺直腰板，然后，嘴角上扬，记住，一定要将最灿烂的笑容挂在脸上。从内心真正流露出来的微笑，将给予自己最强大的力量，抛弃内心的自卑，它会让你重新焕发出耀眼的光彩，而这恰恰是自信的魅力。

一个成功的推销员曾说："一个面带微笑的人永远受欢迎，因为这不仅仅是友好的表现，更是自信的表现。"因此，在他进入客户的办公室之前，他总是停下来训练，想一些他必须感激的事情，露出一个真诚的微笑，在微笑从他脸上消失的那一瞬间走进去，就是这一点，是他推销保险成功的最主要因素之一。如果你还处于自卑之中，那么，请给自己一个微笑，让内心的自卑无处遁形，从而有效地提升自信心。

启示

事实上，保持最乐观的心态，就是一种自信，而自信的直接表现方式就是微笑，拥有自信微笑的人，他们在任何时候运气都不会太差，因为上帝眷顾那些有着生命信念的人。

第07章

生活从来不会辜负一个如此努力的你

农民伯伯春天播种，秋天收获，这就是辛苦的回报，大自然的馈赠。生活也是一样，从来不会辜负一个如此努力的你。你在今天挥洒的汗水，终有一天会有所收获，那些成功的果实也可以轻易摘取。

朝着心的方向，行路致远

很多成功人士在很小的时候就立志将来一定要成为有钱人，有些人在小时候就想成为某一行业的领军人物。在这种野心的刺激下，他们会为了自己的梦想不断奋斗，最终成就辉煌的人生。

谁的成功不是偶然的，因为他从小就有出人头地的梦想，有实现自己梦想的雄心，所以他能在后来的人生中取得巨大的成功。如果说梦想是成功的指明灯，那么雄心就是实现梦想的发动机。就是因为有发动机的推进作用，人才能不断向梦想驶去。梦想和雄心是相辅相成的。

有雄心是一件好事，这说明一个人有抱负，有宏伟的志向。有雄心的人会有坚强的意志去实现自己的目标，雄心会在潜意识中激发人的斗志。只要有雄心，目标就不再遥不可及。任何困难在有雄心的人眼中都不是困难，而是成功路上的垫脚石，有了这些垫脚石，就能更快更容易取得成功。

一个人有了目标，就会执着地向着目标前进，这样才容易取得成功。经常变换目标甚至没有目标的人，会在碌碌无为中虚度一生。等到他们年老的时候，回首自己的一生，就会有无限的感慨，自己的一生明明没怎么浪费，可是却没有任何建树。

《羊皮卷》中有这样一句话：“未来取决于目标以及为实现目标所付出的努力。”几乎所有成功人士在谈到自己成功的原因时，都会涉及一个共同的话题，那就是为自己设定目标。目标是奋斗路上的一盏明灯，是成功路上的一座灯塔，是快要放弃时的希望。

如果没有目标，就像在茫茫无际的大海上航船，没有行驶的方向，没有指引的航标，只能漫无目的地航行，不知道往何处行驶才能到达自己的目的地。这样的航行让人多么彷徨，只有行驶者本人知道。

有目标的人不一定能够成功，没有目标的人一定不能成功。只要有了目标就不会惧怕任何挫折和困难，会勇往直前地驶向成功的彼岸。就算有再大的风雨，也不会害怕。有了目标就有了前进路上的动力。商人经常将自己的目标定为赚取大量的财富，虽然很多人认为他们的目标功利性太强，但是仔细想一想，几乎所有人的目标背后都有一个功利性的目的。

在这些目标实现后，大量的利润就会源源不断地涌来。虽然犹太人的目的看起来非常世俗、功利，但这是他们千百年来经受苦难之后唯一的救命稻草，金钱是他们唯一可以把握的上帝，只有金钱可以在他们四处流浪的时候，给他们一点儿温暖。

为了赚取更多的财富，他们可以忍受任何苦难和磨炼，这是他们坚强地生存下去的唯一动力。

世界上的金融巨头有很多都是犹太人，他们之所以能取得如此大的成功，不是因为他们比别人聪明，而是因为他们能够为自己的目标不断刻苦努力。犹太人的目标简单而实用，他们所做的一切都是为了实现自己的财富梦，所走的每一步都是为了积累更多的财富。因此，他们珍惜自己的时间，珍惜自己的生命，想尽一切办法实现自己的目标。

犹太人经常被人们称为赚钱机器，但是他们不在乎，因为他们得到了赚钱的快乐，他们喜欢这种赚钱的生活，喜欢为了追求某个数字的财富，不断地挑战自己，超越自己，成就自己的快乐。当实现了一个目标时，他们会为自己设立下一个目标，从而不断地实现突破。这样的人生才是丰富多彩的人生，才是有意义的人生。

要想让自己的人生大放异彩，就要为自己设立人生目标。只有目标明确，才不会整天混日子，生活才会有希望，工作才会有动力，这样的人生才会有意义。成功的犹太人的经历已经为我们证明，只要向着自己定的目标不断努力，目标就一定会实现。向着目标不断前进的人，整个世界都会为他让路。

人生处世如行路，经常会有山水阻隔。有些人在遇到阻碍时会开山架桥，既费时又费力；有些人只是轻轻松松地转一个弯，就将困难克服了。做生意也是同样的道理，有时候费尽心机地去做某件事以失败告终，而有时候让脑筋转个弯，就能将问题轻松地解决。四两可拨千斤，以小可以博大，这是一种智慧。

我们要善于借力打力，帮助自己实现目标。一些商家不懂得以小博大，经常用自己的笨办法来实现目标，这样不仅浪费时间和精力，而且事倍功半。所以商人应该培养以小博大，四两拨千斤的智慧。这样才容易达到自己的目标。

世界著名的利普顿公司，为了使自己的茶叶尽快打入市场，不是像其他商家那样，使用老套的宣传方式，而是别出心裁地设计了一场精彩的表演。他们买来几只小猪，用缎带精心打扮了一番，并插上“我要去利普顿”的字样，然后将它们赶到闹市上，引起众人的注意，达到了让商品家喻户晓的目的。这种别出心裁的设计，让人们一下子记住了“利普顿”的名字，他们成功打开了茶叶市场。

在现今的市场竞争中，除了商品的质量和销售价格的竞争外，营销策略也成为众商家的一种竞争手段。精明的犹太商人已经将这一点看得很清楚，犹太商业圣典《塔木德》经常告诫人们，经商讲究的是智慧，智慧是用财富买不来的。很多白手起家的犹太人能够成功，并不是靠时刻不停地攒钱，而是凭借四两拨千斤的智慧。

以往四两拨千斤经常被用在军事上。明明是力量悬殊的大战，几个回合之后，结果却让人大跌眼镜。这样的战役经常是人们津津乐道的故事，经久不衰。现代的商场和战场一样残酷，在这场没有硝烟的战争中，有些人虽然实力雄厚，但却输得一败涂地；也有些人虽然囊中羞涩，但却凭借智慧叱咤风云。

21 世纪的竞争是智慧的竞争，谁拥有过人的智慧，谁就能在商海浮沉中淡定自如。犹太人的成功经验或许可以为我们补上这一课。有些时候，不要被眼前的困难吓倒，脑筋转个弯，往往可以达到四两拨千斤的效果。

启示

有雄心有时候不是一件坏事，它能告诉你自己想要的是什么，你想达到的目标是什么。只有具有雄心的商人，才能将自己的事业越做越大；整天知足常乐的人，不会有太大的成就。一个人的目标越高，发展速度就越快，走得就越远。没有人能为我们设立目标，自己的路还得自己走。有些人之所以失败，就是因为活了一辈子都不明白这个道理。

敢想敢做，前进的步伐永不停歇

一个人要想成功，就必须有方略的指导。在现实生活中，没有随随便便的成功，要想取得不寻常的成功，就要有不寻常的方略。方略是行动的指明灯，是一切行为的指向标。正确的策略能帮助人更快地实现自己的目标。

如果没有策略的指引，即使在某件事上取得成功，也只能有一时的胜利而已，不能长久。要想长久地取得胜利，就得预先作好计划与攻略。中国有句古话，叫作“预则立，不预则废”。在商业领域要想取得成功更是如此。跟着自己的感觉走，没有任何计划与策略，这样经商结果十有八九是失败。

成功的人都有成功的方略，他们在进行下一步行动之前，已经预测到将会发生的事情，这样他们就不用打无准备之仗。精明的犹太商人经常会想出一些不寻常的策略，这些策略也帮助他们取得了不寻常的成功。

现在的商场瞬息万变，往往是计划不如变化快，但是这并不能说明预先设计好方略就是错误的，只有明了自己的奋斗方向，才能在行动的时候有一个主攻的方向，做起事来才会有的放矢。

人在追求成功的路途中，最大的藩篱就是自我设限。自我设限是通往成功路途中最大的绊脚石，即使是成功人士也难免会被自我设限所羁绊，更不要说平凡的我们了。犹太人强调的是人要突破自我设限。所以犹太人可以达到别人无法达到的高度，可以享受别人无法享受的生活。

逆境中应该学会坚强，在逆境中磨炼一颗能经受任何挫折的心。《圣经》认为人生来就是要赎罪的。犹太人也一直认为人生来就要经受苦难，一个人死的时候，就是苦难结束的时候。由此我们可以看出犹太人对逆境是多么习以为常。而有些人在遇到逆境的时候，不是怨天尤人，就是怨声载道，结果在唉声叹气中向逆境缴械投降了。

在逆境面前泰然自若，依旧做自己该做的事。他们明白，自己再怎么惊慌失措，事情终究要解决，解决的办法只有一个，那就是行动。

一个美国人、一个法国人和一个犹太人同时被关进监狱三年，监狱长在他们服刑之前，大发慈悲，说可以满足他们每人一个愿望。美国人要了三箱雪茄；法国人喜欢浪漫，要了一个漂亮的女子；而犹太人要了一部可以和外界沟通的电话。三年后，美国人先出来，他鼻子里、嘴巴里、耳朵里全是雪茄，并使劲喊：“给我火。”原来他只记得要烟忘了要火。法国人一手抱着孩子，一手握着老婆的手，老婆另一只手也领着一个孩子，肚子里还怀着孩子。而犹太人兴奋地跑出来，对监狱长说："谢谢你，我的生意不仅没有破产，还赚了 200%，现在我也满足你一个愿望，说吧，哪怕是要一辆劳斯莱斯我也给你。"

这个笑话估计很多人都不陌生，正是因为犹太人没有将自己局限在只有几平方米的监狱里，才能不断将自己的事业推向成功。如果犹太人也将自己局限在与世隔绝的世界里，自我设限，也许笑话就不这样引人思考了。或许犹太人经不起时间的煎熬，因为整天担心自己的事业，最后急火攻心，抑郁而死。

逆境是一道分水岭，有人在逆境面前颓废沉沦，觉得这就是自己的末日，自己再也不可能重现以往的辉煌，于是这些人在逆境的泥潭里消失了；有的人却积极地应对逆境，因为他们相信风雨之后定会有彩虹，他们沉着地应对逆境给予的难得的训练机会，将自己锻炼成一个能经受任何风雨的钢铁战士。在犹太人眼中，逆境就是一种财富，它不仅可以考验你的意志，而且能够锻炼你的能力。

自我设限扼杀了人们很多才能，它将人们局限在一个狭小的圈子里而无法突破。所以，人只有突破自我设限才能成功。然而想要突破自我设限就要经常鼓励自己，哪怕不用言语，只要在内心给自己加油鼓劲就可以了，把"我不行"三个字从你的词典中剔除吧！就是因为它，你错失了无数展现自己才华的机会，失去了很多提升的机会；就是因为它，你才整天默默无闻，碌碌无为。是时候突破自我了，不在今朝，更待何时？

什么是逆境？逆境就是人在做某件事的时候，不仅做起来不顺利，还有可能遭受挫折和失败。没有人的一生能够一帆风顺，总会有各种各样的坎坷。

在这个世界上，犹太民族是经受坎坷最多的民族之一。犹太人对挫折的认识是积极的，他们认为逆境是在考验他们的意志，他们始终抱着一颗积极的心去面对逆境。

在逆境中，我们可以积蓄自己的力量，可以锻炼抗击打的能力；可以看出谁是我们志同道合的朋友，谁是不值得深交的小人。逆境不是成功路上的绊脚石，而是通向成功的垫脚石。成功不会随随便便就降临在人们的头上，只有经受了逆境的成功，才能存在得更长久。

启示

要想让自己的事业永远取得成功，就必须有明确的方略作指引。对于千变万化的商场，任何想大有作为的人，都必须在心中设计好未来的方略图。只要有了方略助阵，你才能成为商海巨浪中的弄潮儿。

在小事上认真，做大事才卓越

人必须经过勤奋努力才能在某方面获得成功，布朗就是凭借自己的勤奋才取得了如此骄人的成绩。一个人无论多么聪明，如果自己不注重后天的学习，天分终究会在某天消失。相反，一个人无论多么普通，只要有勤奋的精神和毅力，将来也会取得骄人的成就。

众所周知，著名物理学家爱因斯坦小时候曾被老师认为是笨学生，可是他后来取得了物理学上的重大成就。他的至理名言是："在天才和勤奋之间，我毫不犹豫地选择勤奋，它几乎是世界上一切成就的催生婆。"

犹太人喜欢专注于一个个狭小的领域，他们一般都勤奋地专攻自己所熟悉的领域，而且非常执着，因此七八十岁的老犹太科学家依然会获得诺贝尔奖。他们的一生都在勤奋地耕耘自己的事业，所以成功才会属于他们。

许多成功人士一直在用他们的亲身经历向我们阐述着——人如果想取得超常的成绩，必须付出超常的努力。如果你想取得成功，就要比别人更加勤奋。犹太人的生存方法之一是培养勤奋的习惯。在犹太人的家里，父母往往非常注意培养孩子勤奋的习惯。犹太人认为，对于勤奋的人，造物主会给他们最高的荣誉和赞赏；而那些懒惰的人，造物主不会给他们任何礼物。

勤奋并不是一味地吃苦，他们会将此认为是不会产生多大作用的蛮干。他们认为，老板可以自己不勤奋，但是他应该让他的员工勤奋。所以即便要勤奋，他们认为那也应该是能产生巨大价值的勤奋，而不是一味地埋头苦干。很多成功的商人在最初创业的时候，一般都是靠勤奋才成就一番事业的。在成就事业之后，他们也会勤奋，只是这种勤奋，会用在管理等其他统筹方面的工作上。

由此我们可以知道，勤奋是成功的一个很重要的条件，没有勤奋的努力，就无法获得辉煌成就。给自己制定一个明确的目标，然后根据目标采取行动，并利用行动逐渐实现自己的目标。在犹太人看来，在人生的竞技场上，如果没有确定的目标，不能在逆境中完善自己，是不会成功的。

有一个年轻人向首领讨要一块土地，首领给了他一根标杆，让他把标杆插到一个适当的地方，并答应他：如果日落之前能返回来，就把首领驻地和标杆之间的土地送给他。年轻人因为走得太远，不但日落之前没有返回来，还累死在半路上。这个年轻人因为没有自己的目标，所以他失败了。

一定要根据自己的实际情况制定一个明确的目标，而且不能定得太多，否则只会让人更加筋疲力尽。只有切合实际而且通过努力可以实现的目标，才会成为激励人们前进的动力。

犹太人一直将聚拢财富视为自己的目标，他们为了赚钱，经常会在办公室的门上高挂免扰牌，上面写着："免扰，我在挣钱！"这虽然只是犹太人生活中的一个小细节，但足以说明他们为了实现目标，有多强的执行力，他们做任何事情都围绕着目标。他们甚至将时间精确到秒，即使与人交谈，也要限制在仅仅几分钟之内，因为时间就是金钱，盗窃他们的时间就是在偷他们的钱。

实际上，往往奋斗目标越鲜明、越具体，就越有益于成功。因为每个时刻，你都在计算着自己离目标还有多远，每实现一个目标，你就会更有信心去迎接下一个挑战。所以犹太人经常因实现自己的小目标而精神振奋，他们每天都在计算自己赚了多少钱，目标已经实现多少了，他们精神百倍地去完成每天自己制定的任务，就这样一步步地走向成功。

只有制订目标的人才会使自己的人生活得精彩。没有目标的人就好像没有罗盘的船，不知道自己的人生航向在哪儿，到底何时才能靠岸，只能盲目航行。有了目标的人，就会一往直前、心无旁骛地使自己到达想要去的地方，就算最终无法实现自己的目标，人生也一定会无怨无悔。

有些人总是抱着发大财的观念去挣钱，对赚小钱的工作不屑一顾，甚至看不起做小事的人，认为只有没出息的人才会从事这种没什么利益、没什么前途的工作。

事实正好相反，很多成功人士都是从最底层一步步做起的，很少有一开始就能独立撑起一个大企业的人。一般的公司都是经过创业者的辛勤打拼，才打下坚实的基础的。

很多成功人士的成功都是通过自己艰苦的努力获得的。要想成就一番事业，就不能拒绝做小事。小事不仅考验人的意志，还能磨炼人的耐力。在做小事的过程中，你会学到很多知识，从老板的经历中学到对自己有用的东西，这些都是你人生中的宝贵财富。做小事的人并不会一辈子做小事，即使是做小事，只要怀有做大事的决心，也会在未来的某一天成就属于自己的事业。

万丈高楼平地起，枝繁叶茂缘根深。没有人能随随便便成功，只有勤于做小事的人才能在事业上不断取得突破。不勤于做小事的人，是眼高手低的人，他们不愿意躬身于小事，因此他们会失去很多成功的机会。

成功是由完成一件件小事积累起来的，“勿以善小而不为，勿以恶小而为之”，小事做多了，就会成为大事。一心想做大事而不屑于做小事的人永远成不了大事。将眼光放在以后要成就的大事上，踏实地做好眼前的小事，只有这样，才能成就大事。

启示

人不应该好高骛远，眼高手低。想做大事是无可厚非的，但是小事是大事的基础，一心只想做大事，不将小事做好，也不可能有所成就。在做小事的过程中，多积累经验，哪怕只学到一些知识、只是与人交往的点滴见识，小事就没白做。

找准努力的方向，才能事半功倍

人活于世，仅仅知道做什么是不够的，因为人的命运取决于做事的结果，而结果取决于做事的方法。做事持之以恒，有毅力，肯努力，这些都是优秀的品质。然而，方法比努力更重要。抓不住事情的关键所在，只知道埋头干事的人，最后只能白费气力，最终也解决不了问题。

每一个人都要努力做到：用脑去想，用心去做。学会思考，学会发现问题、解决问题，学会认认真真地做好每一件事。聪明地做事，好机会就会来到你的身边。大部分人都专注于他们的欲望，无所作为地工作，以至于没有时间来思考少花时间和精力的方法。缺乏思考能力和做事方法的人，他们往往事倍功半，费力不讨好。

无数人的实践经验证明了这一点：单纯地努力工作并不能如预期的那样给自己带来快乐，一味地勤劳并不能为自己带来想象中的生活。懂得思考，掌握方法，这是做事的关键。

身处竞争激烈的社会中，同样一项工作任务，有的人可以十分轻松地完成，而有的人还没开始就出现这样或那样的问题。其中的关键，就在于前者用大脑在工作，想办法去解决问题。只有在工作中主动想办法解决困难、问题的人，才能成为公司中最受欢迎的人。

在生活中，我们不可能总是一帆风顺的，当遇到难题的时候，绝不要一味地蛮干，要多动脑筋，看看自己努力的方向、做事的方法是不是正确。从小到大，在我们的美德中，努力与坚持都占据重要的位置。我们无一例外地被教导过，做事情要有恒心和毅力。“只要努力，再努力，就可以达到目的。”这样的观念根深蒂固地存在于某些人的头脑里。

生活犹如爬山，你的周围是群山峰峦，有上坡就有下坡，上坡容易下坡难，这是众所周知的道理，为什么上坡大家都会一鼓作气地向前冲，或许中间不需要停下，但下坡就不是，如果你不懂得如何停止，那么你很可能摔得头破血流。

即使是平地亦如此。平地的时候你更需要停止，正因为你看不清楚前面的方向，你更需要适时地停下，或休息调整或稳定前行，这是必需的。

在一段时间适时总结，你可以储备有用的信息，不至于在忙忙碌碌中，让工作和生活没有重点，晕头转向。在总结中，你会看到自己工作和学习中的得失，评价方法选择和运用得是否合理，发现最值得以后做事用于借鉴的东西。在总结中可以培养与锻炼自己的思维方法、分析能力、辩证观点，实际上这是自我提高的好方法。正如哲人所说，总结一次，认识提高一次。

懂得停止，是为了让自己跳出庐山，从更高的层次和视野看待自己，看待事情。人一味向前，就看不到脚下的陷阱，即使自己迷失在歧路上，也总感觉只要奔忙，很快就能到达目的地。殊不知，南辕北辙这样愚蠢的事也许你正在做着。

停止是一种明智的取舍，看似放慢前行的脚步，停止奔忙的步伐，甚至会让自己经历另一个停车——起步。但你要记住，没有舍弃，就没有获得，不愿停下来审视自己的人，永远也不能发现自己的缺点，实现自己的质变。

不管是工作还是学习，适时调整自己是必需的，努力一阵子，短时间的工作，现在的社会已经是短时间效益的集合体。社会各种庞杂信息量的扑面而来，为我们提供了无穷尽的资源，创造了前所未有的机会，似乎没有足够的时间和精力去做每一件事情。这个时候我们就需要调整，需要适时地停下，这是我们所必须具备的素质和要做的准备。

一个人如果按照这样的准则做事，就会不断地遇到挫折和产生负疚感。由于“不惜代价，坚持到底”这一教条的原因，那些中途放弃的人，就常常被认为“半途而废”，那些另寻出路的人，也被人称作逃兵。

人活于世，仅仅知道做什么是不够的，因为人的命运取决于做事的结果，而结果取决于做事的方法。不掌握正确的做事方法，往往在做无用功。正确的方法比执着的态度更重要。调整思维，尽可能用简便的方式达到目标，选择用简易的方式做事，这是聪明人做事的方法。

启示

对于现实中的人们来说，在学习和工作中，努力是好事情，但是光努力是不够的，还要多动脑，多思考，这样才能真正做出成绩。要善于观察、学习和总结，仅仅靠一味地苦干，只埋头拉车而不抬头看路，结果常常是原地踏步，明天将不断重复昨天和今天的故事。

那些不努力的人，注定平庸

任何时候，年轻人总是自信而勇敢地追求自己的人生，从来不以唯唯诺诺的行为来敷衍了事。唯唯诺诺是形容自己很没有主见，心中没有主意，总是一味地顺从，恭顺听话，对一些既成的事实深信不疑，缺乏一定的怀疑精神。在他们身上时常显露出这样的特点：嘴里好像从来不说“不”，总是“好”“是的”；面对他人的提问，只点头不摇头。也许有人会问：难道他们就没有自己的想法和立场吗？当然不是，他们之所以唯唯诺诺是源于内心的不自信，以及缺乏表露想法的勇气。

即使恭顺比较讨上司的喜欢，但是一味地服从只会让上司感到厌烦。在更多的时候，上司希望下属能够有独挡一面的见解，这样才能看清楚一个人的价值。如果在任何时候都显得唯唯诺诺，不敢表露自己的真实想法，将不会得到重用。对于那些唯唯诺诺的人，他们身上还会显露一个异常的特点：做事犹豫不决，缺乏勇气。

许多人对那些做出成就的人总是投去羡慕嫉妒的眼光，从而感叹自己命运多舛，运气很差。不过，年轻人请重新审视一下自己，真的是因为运气很差吗？如果足够努力，那好运自然会到来。在这个世界上，没有无缘无故的好运，所有的好运都是努力而来的。做人做事有多大的力气，就会有多成功。年轻人，永远记住一句话：越努力，越幸运。

通常做一件事情的时候，人们无法相信自己的判断，以至于最后没有勇气去做这件事情。福特汽车总裁菲利普说：“假如缺乏冒险精神，今天就没有了电源、镭射光束、飞机、人造卫星，也没有盘尼西林和汽车，成千上万的成果将不可能存在。如果生活在一个没有冒险的世界里，我们必将面临重重危机。”所以，放下自己的唯唯诺诺，塑造充满勇气的智慧人生。

年轻人，请放下你的浮躁，放下你的懒惰，放下三分钟热度，放空容易受诱惑的大脑，放开容易被新奇事物吸引的眼睛，闭上喜欢聊八卦的嘴巴，静下心来好好努力。当你认真地努力之后，你会发现自己比想象中更优秀，好运也会在期待中降临。

年轻人如果渴望成功，那先去拼命失败吧。爱默生曾说：“每一种挫折或不利的突变，是带着同样或较大的有利的种子。”在失败的背后，往往隐藏着宝贵的经验与信念，事实上，失败是一笔不可缺少的财富。

虽然，我们在遭遇挫折，面临失败的时候，都会产生一定程度的负面情绪，但是，如果自己长期深陷其中而不能自拔，失败就会成为你的代名词。美国著名心理学家贝弗利·波特认为，当一个人在工作中的失败感大于他所取得的成就感时，就很有可能对自己的工作失去热情，而当这种失败感以一定的频率固定出现的时候，他就很容易对自己的工作产生倦怠。面对失败，我们需要做的并不是自甘堕落，自暴自弃，而是不断积累失败的经验，让失败成为一笔财富。

杰克逊这样说道："很多时候，阻碍我们去做某件事情的是自己唯唯诺诺的性格，只要鼓起勇气，相信自己，那么，人生就是美好的。"你是否能成功，关键在于是否相信自己的判断，是否具有适当冒险与采取行动的勇气。如果你总是以唯唯诺诺的样子来面对每一件事，那么，当你犹豫的时候，你已经失去了最好的机会。

在人生道路上，成功没有巅峰，追求没有止境，短暂的荣誉往往会束缚着人们前进的手脚，一时的辉煌往往会消减人们的斗志。而失败，让人痛心更催人奋进，既让人难堪更让人坚定，让人们在放弃时能鼓足勇气，想逃避时拾起自尊。

失败是成功的前奏，失败是一笔财富，失败能够使人不断地反省自己，在逆境中奋进，在低谷中抓住机遇，不断冒险与尝试，最后采摘成功的果实。

比尔·盖茨说："所谓机会，就是去尝试新的、没做过的事。可惜在微软神话下，许多人要做的，仅仅是去重复微软的一切。这些不敢创新、不敢冒险的人，要不了多久就会丧失竞争力，又哪来成功的机会呢？”微软只会青睐那些敢于冒险、相信自己判断的人，而这是唯唯诺诺者身上最缺乏的精神。

失败并不可怕，只要你在失败中不断地积累经验，终究能将失败变成财富。日本著名实业家原安三朗曾说：“年轻时赚一百万的经验，并不能称为将来赚十亿元的经验，但损失一百万的经验，倒可以培养赚十亿元的经验，逆境是锻炼人才最好的机会。”

一个不能认识和接受失败的人，也无法看清楚成功的本质，从失败的教训中学到的东西，往往比从成功中学到的还要深刻。成功，总是在经历多次失败之后才姗姗来迟，正确面对失败，才是走向成功的重要素质和能力。

其实，遭受失败并不可怕，关键是用积极的心态来面对。只要我们能改变心态，把每一次的失败都当作考验自己的机会，把它当作超越自己的一次机遇，那么，我们就不会沉浸在痛苦里，甚至感谢失败让我们看清了真相，获得了经验。失败会让人变得成熟，它是人生的一笔宝贵财富。

当不自信变成一种习惯的时候，那么唯唯诺诺的个性就诞生了，因此，克服自己唯唯诺诺的缺点，就必须学会相信自己，不仅如此，我们还应该勇于挑战自我，这样我们才能塑造充满勇气的自信人生！

在通往成功的路途上，任何的抱怨都无济于事，任何的借口都苍白无力，唯有努力才是真刀实枪的本事。努力的年轻人，不用去寻找好运，要知道越努力越好运，这确实是一个人成功的奥秘。努力本身带给我们有益的东西远远大于成功，在努力的过程中，不断磨炼，不断尝试，直到成功那一天，所有的努力都会聚沙成塔，成就自我。

你知道吗？风往哪个方向吹，草就往哪个方向倒。年轻人要做风，即便最后遍体鳞伤，也会长出翅膀，勇敢地飞翔。努力吧！在路上的年轻人。

启示

年轻人如果缺少棱角、缺少勇气，无法选择走自己的路，那他只能成为被风吹倒的草。所以，大胆走自己的路，努力吧，总有一天，你会成为翱翔的雄鹰，当繁华褪尽，剩下的只有荣光。

第08章 不要光顾着看别人而走错了自己脚下的路

生活中，当我们做一件事情时，身边总会充斥着不同的声音，有时我们会在意别人的声音和态度，甚至会犹豫自己是否做对了。其实，坚持自己是对的，请不要光顾着看别人而走错了自己脚下的路。

走出他人的眼光，活出自己的人生

卡内基说："你见过一匹马闷闷不乐吗？见过一只鸟儿忧郁不堪吗？之所以马和鸟儿不会郁闷，是因为它们没那么在乎别的马、别的鸟儿的看法。"在生活中，许多人太在意别人的目光而失去了自我，这简直是得不偿失。当然，我们作为社会人，生活在各种各样的关系中，完全不在意别人的目光也是不可能的。

事实上，我们对自己的评价，很多时候是需要借助别人对我们的看法而作出的。因此，对于别人的目光，我们需要考虑，但并不是过分地注重，否则，你就会感觉到自己活得很累。你总是在想别人是怎么看待自己的，你总是通过别人的目光来修正自己，到最后，你会完全失去自我，从而变成一个别人目光中的自己，更为严重的是，你将变得闷闷不乐、忧虑不堪，你完全失去了心灵应有的轻松与快乐。

在很多时候，我们会特别羡慕那种所谓的"好人缘"，似乎每个人都能与他聊到一块儿去，他说的每一句话，所做的每一件事，都是以大家的目光为标准。在公司，上司说这个方案不行，他一句话不说，马上改成了上司喜欢的方案；挑剔的同事说，今天的打扮好像不太和谐，第二天，他就真的换了一套同事眼光的服饰；在家里，爸妈说，女儿新交的男朋友没有固定的工作，她就真的决定与男朋友分手，重新找了一个让父母觉得满意的男朋友。在这个过程中我们发现，自己不过是因为太在意别人的目光而讨好身边的人而已，我们已经失去了自我。

小燕是一名歌手，以前，她也有过抱怨的时候，每次上节目，她都会抱怨："自己太辛苦，实在受不了压力太大的生活，有时候，太在意别人的目光，我需要讨好歌迷、媒体，我一年发行两张专辑，但是，自己又想把工作做得更好，这样的工作量简直令我崩溃。"以前的工作时间安排得很紧，如果白天上通告做宣传，晚上，还要去录音棚完成下一张专辑的录制，这样的生活超出了小燕可以承受的范围，每天，她都感觉到很累，心中的怨气又无处诉说。最后，在内心快要崩溃的时候，她选择了退出歌坛。

在四年的休息时间里，小燕做自己喜欢的事情，她说："以前大家都是看我怎么变化，而我因为这样会很在意大家是怎么看我的。现在我是用自己的脚步来看大家的改变。虽然，现在，我年纪大了，似乎变得老了一些，但是，年龄并不是我能掩盖的东西，我也想永远年轻，但是，却懂得这就是时间给我的礼物。在我成长的过程中，我得到的最大一份礼物是不用费劲去证明大家是怎么看我的，而是只需要做自己喜欢的事情，跟着自己的步伐走，在以后的时间里，如果我能完全坚持自己的选择，那就是最好的生活。”或许，年龄对于小燕来说，似乎变得大了一些，但是，正是这样一个年龄，是一个不需要讨好任何人的时候。

最近，小燕复出了，在工作上，她已经与唱片公司达成了一致的意见，不需要拿任何事情炒作新闻，同时，不需要为了赢得名气而故意报唱片的数字，自己可以自由自在地唱歌，这恰恰是小燕最喜欢的一种状态。

小燕告诉所有的媒体：“我不需要讨好所有的人，我不需要在意别人的目光，我只需要做自己喜欢的事情。”然而，就是这样一句话，令所有的媒体工作者既羡慕又嫉妒，因为，对于媒体工作者而言，他们的工作时刻都要在意别人的目光，讨好所有的人，从而将自己的委屈和自尊放弃。每天，都有许多人为了人际交往，为在意别人的看法而活，他们在这样的过程中感到很累，甚至感觉心力透支。

人性一个最特别的弱点就是在意别人如何看待自己。每个人对一个事物都有主观的看法和评价，一味在意别人的看法，你将找不到属于自己的路。每个人都有自己的特点和优势，别人对你的简单评价，不足以反映你的真实情况。

做人不仅要有自己的主见，还要有充分的自信，相信自己的判断力，不要轻而易举地听从他人的意见，而改变自己的主张。每个人的使命终究还要靠自己来完成，你人生的目标，是独一无二的，专属于你自己的。它神秘而又绚烂，值得你用一生去追求。

每个人对一个事物都有主观的看法和评价，一味在意别人的看法，你将找不到属于自己的路。美国职业足球教练文斯·伦巴迪当年曾被批评“对足球只懂皮毛，缺乏斗志”。贝多芬学拉小提琴时，技术并不高明，他宁可拉他自己作的曲子，也不肯做技巧上的改善，他的老师说他绝不是块当作曲家的料。但他们都勇于走自己的路，不被别人的意见和评论所左右，最后取得了举世瞩目的成绩。

在生活中，不管是一个什么样的人，不管这个人做不做事，是少做事还是多做事，做的是什么事，他都会招来别人的看法和评价。而对于那些目光和议论，有的人会把它作为自己行动的标准，他们很在意别人是怎么看待自己的。结果导致的情况是，他们在做事情时畏首畏尾，把自己搞得很紧张，好像自己在为别人而活似的。其实，根本没有必要这样，因为我们既不是演员，又不是在表演，我们的目的就是要做好自己的事情，又何必那么在意别人的目光呢？

人要从没路的地方走出一条路来，不要泯灭了自己的个性，一味地模仿别人，那样只会迷失自我，连自己的命运自己都把握不了。“走自己的路，让人们去说吧！”我们对但丁的这句名言要牢记在心。

要知道，在这个世界上，生活着60亿各自具有不同特质的人，在他们各自的生活轨迹中，至少也存有上亿种成功模式。当我们每一个人特定的优势与劣势、需要与理想是如此的与众不同时，怎么可能存在一种放之四海而皆准的成功模式呢？

人生只属于自己，一味遵循他人的思想，不敢面对真理是懦弱的表现，这样的人生是悲哀的。我们应该成为主宰自己命运的人，走自己的路，走出自己的风格，走出自己的个性，我们的人生才是独特的，才是精彩的。而且，如同我们每一个人有不同的生活轨迹一样，每一个人对成功的定义也是截然不同的。

启示

成功的定义并不取决于你渴望的目标，而是取决于你达到目标后的满意程度。也就是说，每一个人都应该有自己的人生，有自己的成功之路，在这条成功之路上，都应该有属于自己的成功底牌，打拼出自己不一样的人生。

保持本色出演，不要模仿别人

古往今来，那些成大事者，并不是他们具有超世之才，而是他们能够保持自我。在任何时候，他们都能够捍卫自己的人格，保持自己的本色。相反，那些随波逐流，见利忘义的小人，最终会被历史踩在脚下。一个人活在这个世界上，若要有所作为，就需要保持自我。

保持自我，换句话说，就是走自己的路，让别人去说吧。只要是你认为正确的事情，该做的事情，不要在意别人怎么看待，不要被社会人所左右，本色出演，你才会将事情做成功。面对复杂的社会，保持自我至关重要，千万不要随波逐流，让自己成为社会化的标准机器。

一个人从呱呱坠地到成长，都有自己的想法。但是，一旦进入社会这个大染缸，他们的心慌乱了，一直坚持的信念在动摇。原本有棱有角的他们经过岁月的打磨，变得圆滑了，他们无一例外地成为社会化的标准机器。

社会化的人，就是那些人云亦云，自己从来没有主见的人；社会化的人，就是那些随波逐流，从来不会为自己开辟一条路的人；社会化的人，就是那些一旦被质疑就服输的人，他们从来不敢为自己争取应有的权益。在社会的压力下，他们渐渐失去了自我，由于群体化的影响，他们变得如同车间里的机器一样，缺乏了应有的思考力和创新力。

保持自我意味着你将愉悦地接受自己，包括自己的判断力和思考力。在生活中，许多人总是抱怨“我真笨，这么简单的事情都做不好”“我怎么不像其他人一样呢”，在他们言语中充满着对自己的否定和遗憾。大多数人所拥有的就是好的吗？事实并不是这样，每个人都是独一无二的，你所需要的就是保持自我，不要让自己成为一个社会化的人。

“安能摧眉折腰侍权贵，使我不得开心颜。”这是李白对黑暗的官场发出的呐喊，当时，出入仕途的李白并没有改变自己的立场去适应腐朽的官场，而是保持了自我。“人生自古谁无死，留取丹心照汗青。”面对严刑拷打，文天祥发出了仰天长叹，他用自己的鲜血和生命保持了自己伟大的人格。而那些没能保持自我，诸如卖国求荣的汪精卫，他曾因正义而去刺杀清朝官员，但后来却选择背叛国家，如此随波逐流、轻易改变自己的信仰，他的行为令世人不齿。

活跃于社会交际中，如鱼得水，这是每一个人的梦想。于是，越来越多的人成为社会化的人，他们丢掉了内心最初的东西，诸如正义、善良、真诚。每天，他们变换着不同的面孔，让人分不清真假。可是，交际之后是什么呢？每当夜深人静的时候，他们却遭受到心灵的叩问，自己为什么就变成了这样？所以，面对社会这个大染缸，保持清醒的头脑，保持自我的本色，千万不要让自己成为社会化的标准机器！

一个随大流，时时刻刻都在模仿别人的人是永远不会引人注意的，只有保持特立独行品格的人才能在竞争激烈的商界崭露头角、脱颖而出。这个真理不仅适用于生活中，在商场上同样如此。翻版别人的东西都是山寨版，只能流行于一时，终究会随着时间的推移淹没于时间这个巨大的洪流中。只有那些能够保持特立独行、生产自己商品的商家才能久经时间的洗练永不消逝。

一个人要想在激烈的竞争中脱颖而出，只有保持特立独行，才能在同行之中脱颖而出，尽早地占有市场。让我们看一下成功犹太人的传记，我们就能从中找到一条规律，那就是他们能够想别人不敢想，做别人不敢做。

别人不敢做的事情未必就是不能做的事情，别人都做的事情也未必就是正确的事情。别人没有想过的事情，不敢做的事情，你做了，那么你就有极大的可能脱颖而出，就会在别人没有看到这个商机的时候大赚一笔。

爱因斯坦曾说："想别人不敢想，你已经成功了一半。做别人不敢做的，你会成功另一半。"所以要想成功，别人走过的路只能借鉴，就像科学领域只能出一个爱因斯坦，商业上只能出一个洛克菲勒一样。

成功人士的那些事只能是给你的人生作参考的，他们的事情终究还是他们的，不能成为你的。这同样适用于商业领域，一个商家要想让自己的产品在琳琅满目的商品中吸引顾客的眼球，就必须有自己的特色，千篇一律的商品只会让人感到厌烦和麻木。所以商家就应该紧紧抓住顾客的心理，不断地另辟蹊径，不断地推陈出新，只有这样，才能占据商场上的制高点。

每个人都应该有一条自己该走的路，千人一面的人，是不会得到人们欣赏的，只有特立独行才能吸引人们的注意。好多人不敢特立独行就是因为他们没有敢为天下先的勇气。

在社会上，特立独行的做事风格同样会独领风骚，尝到大大的甜头，很多人的成功就是因为他们能够想出别人不敢想的好主意，现在的社会是一个多元的社会，只有你想不到的，没有你做不到的。什么东西都可以拿来拍卖，就算是不值分文的东西都可以在有创意的人手中变得价值连城。

所以要想在商场上脱颖而出，赚取大量的利润，只有一条路可走，那就是走自己的路，保持特例独行的风格。成功是不可复制的，任何成功者所走的路都是一条自己原创的路。

启示

抛开自己的成见，褪去自己的怯弱，自己的人生还得自己来书写，我们不要成为和别人一样的人，为什么不将自己的特色展现出来，为什么不让自己的优点长处凸显出来？既然不想被大众埋没，我们就要有自己的特色，就要有自己值得骄傲的地方。

最重要的是自己思维的积累

在很多时候，决定我们人生命运的不仅仅是能力、环境和外在条件，更取决于我们内心的想法。当你有了某种信念，你的命运会因自己的想法而变好或者变坏，这本来就是一种潜意识的力量。

我们若想自己某种好的现象显现出来，并将积极的想法灌输到潜意识里，只需要时刻保持良好的心态，自然就会心想事成。生活中，多少人按部就班地生活着，他们最终被这个社会所遗忘；而还有另外一些人则擅长天马行空的想象，他们则成为被历史所记住的人。

或许，大多数人都怀着这样的想法“过平静的生活”“就这样吧，折腾什么呢”。少数人会想象：希望自己将来能像松下幸之助一样成为获得巨大成功的实业家，希望进入自己梦寐以求的公司，谋得一个称心如意的职位，等等。但是，最终，有的人能够实现自己的愿望，拥有成功的人生；而有的人不管怎么努力也实现不了自己的理想，过着不幸福的日子。

约瑟夫·墨菲说：“决定你命运的绝不是才能，更不是环境和外在条件，而是你的思考方式，即你的想法。”一个人要敢于摆脱陈旧的思想、循规蹈矩的思考方式，而是任由自己天马行空的想象，给予大脑和心灵以活力，在某个不经意的时候，你会发现自己真的会梦想成真。

克里斯托·莱伊恩是英国一位年轻的建筑设计师，在他年轻时受邀参加设计温泽市政府大厅。正处于设计灵感迸发的克里斯托·莱伊恩巧妙利用工程力学，根据所学的知识，设计了只用一根柱子支撑大厅天顶的方案。过了一年，市政府请了专业人士对该工程进行验收，结果对此项设计提出异议。在专家看来，只用一根柱子支撑天花板太危险了，要求他再多增加几根柱子。伊恩解释说：“只用一根柱子也可以保证大厅的稳固。”他当即利用了力学知识验证，并婉拒了专家们的建议。但是，专家和市政府官员却不满意，险些因为这事把伊恩送上法庭，在万般无奈之下，伊恩只好在大厅四周增加了四根柱子。但是，他留了2毫米的缝隙，就是那四根柱子并没有接触天花板。

三百年过去了，温泽市政府的官员换了一批又一批，但市政府大厅依然坚固。直到20世纪后期，市政府准备修缮大厅的天顶时，才发现了这个秘密。消息传出，世界各国的建筑师慕名前来，观赏这几根神奇的柱子，并把这个市政大厅称作“嘲笑无知的建筑”。最为人们称奇的是克里斯托·莱伊恩在中央圆柱顶端的一行字：自信和真理只需要一根支柱。

爱默生说：“相信你自己的思想，相信你内心深处认为是正确的。”对于权威，我们应该尊重，但是，过分地尊重有时会束缚自己的思考力，使得大脑与心灵丧失了应有的活力。许多人总是循规蹈矩地思考，那是因为他们对自己的不确定，他们不敢展开天马行空的想象。当然，信马由缰地思考，并不是盲目地思考，而是需要深厚的知识和经验积累作为其坚实的后盾。

启示

约瑟夫·墨菲这样解释：“你衷心期盼的必将能够实现，最重要的莫过于思考方式，人生就是一天到晚自己想象出来的，人的一生，就是为自己思考的一生。”循规蹈矩地思考，你所过的不过是庸庸碌碌的生活；而信马由缰地思考，你可能会绽放出不一样的光彩。

不受外界影响，积极地做自己的事

有一篇文章《积极主动地做事》里有一句话："现在动手吧！"当你意识到拖延懒惰的恶习正在你身上显现时，你不妨用这句话警示自己。从任何小事做起都可以，并不是事情本身有多么重要，重大的意义在于突破了你无所事事的恶习。

成功者做事总是采取积极主动的态度，这样不仅可以避免自己受到不必要的伤害，还可以主动创造有利于自己的环境。主动的人不会坐等命运的安排或贵人的相助，自己的幸福和成功都掌握在自己的手中，这些东西都是要靠自己争取的，别人是给不了的，所以如果想占有主动，就要积极主动地做事。

现在社会上有很多人只是一味地空想自己究竟能有多优秀，有多成功，完全不知道自己再怎么想都不如实际行动有用。在公司中，老板喜欢那些会主动做事的员工，因为他们不会夸夸其谈，到处吹嘘自己，而是经常俯下身子默默地做着自己应做的事。只有积极主动做事的人才不会犯眼高手低的错误，他们不会让老板操心，是老板的得力助手，这样的人才更有机会获得老板的赏识，也更有机会得到老板的提拔。

某天，一家公司面试新人的时候，主考官将10个应聘者叫到办公室里，然后指着一个柜子说："请你们想尽办法将这个柜子搬出去，给你们三天时间考虑。"所有人都觉得将这个柜子搬出去是不可能的，因为柜子是铁的，而且柜子的体积还挺大，这个柜子那么重，人怎么可能将它搬出去呢？三天以后，有9个人交了答卷，他们的想法也是五花八门，有的说用杠杆原理，有的说将柜子拆开……前9位应聘者都提出了自己的方案，只有第10个应聘者没交答卷。第10位应聘者是一个柔弱纤细的女孩子，只见她走进办公室，什么话也没说，直接走向柜子，毫不费劲地将柜子搬了出去。所有的应聘者都惊呆了，原来"铁"柜子并不是用真正铁做成的，而是用泡沫做的，只是在其表面镀上了一层铁。面试的主考官就是想用这种方式来考验应聘者的实际动手能力。

且不管这个案例是真是假，它向我们阐释了一个道理，那就是只有积极主动做事，才能将事情办妥，只是一味设想，解决不了问题。人们在困难面前之所以会失败，很多时候并不是因为问题很难克服，而是因为人们被它吓倒了。这个时候就更需要积极主动做事的习惯，有时候机遇往往就是用困难做伪装的。

积极主动做事的人在面对各种困境的时候，会保持一颗积极上进的心，他们不会因为前景不可预知以及险象环生，就将自己吓倒了。空想是解决不了问题的，一味地空想，根本就不切合实际，只有积极主动地调查实际情况，根据实际情况作出行动的计划，才能在最短的时间内解决问题。

现在的社会上有很多草根创业者，他们的一个好习惯就是积极主动地做事。他们在与客户、合伙人、投资人交往时始终是以积极主动的姿态出现的。他们积极主动地出击，即使遭遇挫折磨难，也始终保持积极主动的习惯，因为他们相信，成功会属于他们。

启示

很多人之所以能成功，就是因为他们积极主动地做事，赢得了老板、客户的欣赏与器重，使他们有更多的机会获得成功。积极主动地做事不仅是他们富有活力的标志，也表示他们有一颗积极、乐观、向上的心。人只有积极主动地做事，才能成功。所以，遇到事情的时候，一定要记住，只有积极主动地做事，成功才会属于你。

让对方更愿意考虑你的观点

对于无法改变的对方，不妨利用他们。人与人之间的相处，无疑是彼此思想的碰撞和交流。一千个读者就有一千个哈姆雷特，世界上没有两个思想完全相同的人，这也就注定了交流中会出现不必要的冲突和摩擦。而巧妙地利用对方，将其引入自己的思路，按自己的想法说话，那样自己的意见就能够轻而易举地得到对方的赞同，甚至在谈话中取得决定性胜利，让对方甘愿支持你。

美国经济学家罗斯福总统的私人顾问亚历山大·萨克斯，在 1939 年受爱因斯坦等科学家的委托，企图说服罗斯福重视原子弹研究，以便抢在德国前制造原子弹。尽管有科学家们的信件和备忘录，但罗斯福的反应冷淡，他说："这些都很有趣，不过政府若在现阶段干预此事，看来为时过早。"

罗斯福为表示歉意，决定邀请萨克斯于第二天共进早餐。早餐开始前，罗斯福提出，今天不许再谈爱因斯坦的信。萨克斯含笑望着总统说："我想谈一点历史。英法战争期间，在欧洲大陆上不可一世的拿破仑在海上却屡战屡败。这时一位年轻的美国发明家富尔顿来到了这位法国皇帝面前，建议把法国战舰上的桅杆砍掉，撤去风帆，装上蒸汽机，把木板换成钢板。""但是，拿破仑却想，船若没有帆就不能航行，木板换成钢板，船就会沉没。他嘲笑富尔顿简直是想入非非，不可思议！结果富尔顿被轰了出去。历史学家们在评论这段历史时认为，如果当初拿破仑采纳富尔顿的建议，19 世纪的历史就会重写。”萨克斯说完，目光深沉地注视着总统。罗斯福沉思了几分钟，然后斟满酒，递给萨克斯，说道：“你胜利了！”

由案例可以看出，萨克斯终于说服了罗斯福总统，将原子弹研究提上日程，避免直接的冲撞，减少了摩擦。根本不抱着改变对方的想法，而是巧妙地把对方引入自己的思路，使对方按你的思路想问题，这样一来，对方更愿意考虑你的观点，而不被情绪所左右。因此，萨克斯最终在谈话中取得了胜利，也使世界科学开始向前迈了一大步。

我们每个人都有自己的一系列观点和看法，它时刻支撑着我们的自信，同时它也是我们思考的结果。无论是谁，遭到别人的直言不讳的反对，特别是当受到激烈言辞的痛击时，都会产生敌意，导致不快、反感、厌恶甚至愤怒和仇恨。这时，我们应该迂回性地表达自己的意见，让对方按自己的想法考虑问题，这样就会事半功倍，我们的意见更能被人所接受。

保尔·里奇是《芝加哥日报》的著名记者，有一次，他有幸与胡佛在同一节车厢，这对他来说，是一个采访这位著名人物的绝佳机会。但是他遭遇一个难题，里奇有好几次都把话题扯到了胡佛最感兴趣的事情上，想调动起胡佛说话的积极性，可胡佛那双机灵、暗蓝色的眼睛告诉他，他的努力是徒劳的，胡佛根本不感兴趣。此时的里奇面临着一个难题：他想给一个比他年长，而且位高权重的知名人士留一个好印象，可这位知名人士对他一点兴趣都没有。在这种情况下，里奇该用什么方法才能让胡佛注意到自己呢？就在他束手无策时，他灵机一动，想到了一个在新闻采访中常常会用到的心理策略：对内行故意发表一些外行的错误看法，以此引发被采访人反驳的兴趣。

里奇说："正当我想要放弃时，上帝保佑，我对一件事情发表了一些明显错误的看法，而胡佛对这件事是很内行的。"

当时火车正行经内华达州，里奇望着窗外那些寂静而凄凉的荒地和远处烟雾弥漫的群山说："上帝，没想到内华达州还在用锄头和铲子进行人工垦殖呢。"听了里奇的话，胡佛马上接着他的话侃侃而谈起来。

里奇正是通过自己的心理策略，故意对一件事情发表了一些明显错误的看法，引起胡佛反驳的兴趣，使得本来不想说话的胡佛开始对这件事情发表意见。里奇确定一个方向，引导着胡佛向自己的思路说话，最终里奇获得了第一手的新闻采访资料，出色地完成了一次采访。"对内行故意发表一些外行的错误看法，以此引发被采访人反驳的兴趣”，这不仅是新闻采访中所用到的心理策略，也是平时我们在谈话中可取的技巧。

启示

往往直接的改变方式免不了产生一些不必要的摩擦和冲突，因此，采用迂回的方式，巧妙把对方带入自己的思路，让对方按自己的思路想问题。这样一来，彼此交流没有障碍，没有阻隔，更多的是理解和包容，那么就更易得到对方的支持。

第09章 你不行动，你的世界就是寸步不移

面对畅想的未来，我们总会有许多想法，那五彩斑斓的想象看上去很美好。但是，若我们一直不行动，那你的世界就是寸步不移。想让理想变成现实，唯一的捷径就是行动，快速行动。

等什么，马上就行动

在任何时候，我们只要接到上司的命令，都需要作出这样的回答："好的，马上去做。"我们每个人都必须接受上级安排的任务，就好像每个军人必须服从上司命令一样。当上司给我们安排任务之后，我们就需要无条件地接受这个任务，适时向上司表示"马上去做"。通常情况下，上司不会无缘无故刁难下级，他们安排的任务或许有些难度，但绝不会超过我们的能力范围，因为在安排任务之前他们已经进行了充分的考虑，而且这些任务不会超出自己的职责范围，或许表面上有一些难度，但只要我们努力去做，一定可以完成任务。

假如我们在上司下达任务之后找理由推托，或者与上司谈条件，结果会令上司很失望，这会让我们错过一次展现自己能力的机会。从表面上看，或许少做了一些工作，获得了短暂的轻松，但从长远来看，这样的行为以及习惯只会导致我们的人生庸庸碌碌，毫无作为。

在西点，当学员们收到上司的命令，通常只会说一句话："收到，马上就做。"绝不多说一个字，一句话，因为在这时，任何多余的语言都会成为你想违抗命令的理由。没有任何借口，他们所需要做的就是回答“马上就做”。

“收到”也就是服从上司的命令，“马上就做”这表示一种执行力，当我们服从了上司的命令，马上将这个命令转化为行动，“马上”这个词语很好地说明了学员们的行动力。因为我们知道，许多人并不是缺乏能力，也不是缺乏创造力，而是缺乏行动力。

老板打算安排一项任务让下面的员工去执行，这时办公室里有小张、小李和小王。

当听到老板的指令之后，小张回答说：“好的，我保证完成任务。”说完，就快速行动起来，全身心投入到工作中去。

小李则回答说：“这事让我做吗？我会尽力而为。”当时，小李是应承下来了，但走出办公室，他就将任务抛之脑后，等到老板再次强调时才不得不去做。

小王回答说：“这样的工作我可从来没做过，怕做不好耽误公司的进度，小张在这方面比我有经验，还是让小张做吧。”他不愿意接受老板安排的任务，想方设法找借口拒绝。

你猜，谁在最后受到了重用？

毋庸置疑，小张最终受到了上司的重用。为什么呢？这是因为他的执行力最强。当上级安排给我们一项任务的时候，作为执行者，我们应该响亮地回答：“好的，马上去做。”我们作为一个执行者，首先要绝对服从，无条件服从，也就是不会找任何借口。因为只有无条件服从，我们才会马上去执行任务。也只有无条件服从，才会彻底地消除我们心里那种推诿或延期执行的想法。

服从的行动应该是从心里出发，而不仅仅是外在表现。当我们接受到老板的指令，首先应该条件反射地表示：“无条件服从。”而不是嘴上说：“好的，马上去做。”心里却在埋怨“怎么又是我啊”“老板怎么总是针对我”“不管怎么样，我先答应下来，后面再慢慢想办法拖延”。如果仅仅是这样的“服从”，那根本不算是绝对的服从。当服从成为一种习惯，一旦我们接到老板的指令，就不会再问“为什么”，因为我们耽误的时间越多，就越会影响指令执行的效果。

在西班牙和美国的战争即将爆发的时候，最重要的就是让军队的首领得知古巴的情况。当时，加西亚将军隐蔽在一个无人知晓的偏僻山林中，无法收到任何邮件和电报，而美国总统需要尽快与他合作，情势十分紧急。

这时，有人报告总统说：“有一个名叫罗文的人能帮您把信送给加西亚。”当威廉·麦金利总统交给了罗文一封信，并委派他交给加西亚，罗文接到信后，连问都没有问“他在哪里”

便出发了。

在这里，我们不需要去详述罗文是怎样拿到信，如何用麻布袋将它密封好、捆在胸前，然后乘敞篷船航行四天后趁着夜幕降临在古巴海岸登陆，消失在丛林中，三周后来到古巴的另一端，接着步行穿过西班牙控制的领土，最终将信交给加西亚的全过程，我们只需要看到罗文服从于上级命令时的态度就可以了。

当罗文接到任务后，没有提任何问题，便奔赴前线，踏上了寻找加西亚的旅程，最后出色地完成了任务。当他的服从源于内心的时候，执行就会立见成效。试想一下，假如罗文接到任务的时候，问这问那，甚至抱怨这个任务有多么艰难。当他不情愿地接受任务以后，又不竭尽所能去做，甚至在中途开小差，那结果会是怎样呢？那肯定会影响到美国总统麦金利的决策，很有可能延误战机，甚至改变整个战争的结局。

当服从变成一种心理，我们就会成为备受老板器重的员工。当老板召唤我们进去，并说："请帮我在百科全书中查找一个关于科勒乔一生的情况，并做一个简短的记录。"或许，我们会说："他是谁？""从哪本百科全书中查找？""这属于我的工作职责吗？""您想知道一些关于他的什么事情？"这就是典型的外在型"服从"，我们应该像案例中的罗文一样，对老板说："好的，先生。"然后，马上着手去做，这样的"服从"才是从心里出发，真正将无条件服从坚持到底。

启示

试想，当领导向我们安排一项任务的时候，如果我们说："我现在很忙，等我把事情忙完再说吧。"领导肯定会将这个任务交给别人，因为他看不到你身上那种无条件服从的品质，自然无法信任地将任务交给你。

人生是没有任何借口的

在现实生活中，我们经常听到这样或那样的借口。上班迟到了，会说"路上塞车""早上起晚了"；业务成绩不好，就会说"最近市场不景气"国家政策不好"公司制度不行"。对这样一些整天寻找借口的人，只要他们用心去找，借口无处不在。结果，他们把许多宝贵的时间和精力放在了怎样寻找一个合适的借口上，浑然忘记了自己的职责所在。

一位新学员被问道："你为什么不把鞋擦亮？"新学员回答说："哦，鞋脏了，我没时间擦。"结果，他得到的只能是一顿训斥，因为长官要的是结果，而不是喋喋不休、长篇大论的辩解。西点告诉我们：不管做什么事情，都要记住自己的责任，不管在什么样的工作岗位上，都要对自己的职责工作负责。千万不要用任何借口来为自己开脱或搪塞，因为完美的执行力是不需要任何借口的。

在美国西点军校，每一位学员学到的第一课是来自一位高年级学员的大声训导。在课上，他告诫所有的新学员，不论在什么时候遇到学长或军官问话，只能有四种回答："报告长官，是！""报告长官，不是！""报告长官，没有任何借口！""报告长官，我不知道！"除此之外，不能多说一个字。"别找任何借口"是西点军校奉行的最重要的行为准则，它让每一个学员懂得：失败是没有任何借口的，工作是没有任何借口的，人生是没有任何借口的。

借口是一面挡箭牌，这本身就是一种不负责任的态度。时间长了，对自己绝对是有害无益。这是因为你花了太多的时间去寻找各种各样的借口，那就会不再努力去工作，不再想方设法地争取成功。对老板吩咐下来的任务，如果你不想做，就会去找一个借口；如果你想去做，那就会找一个方法。因此，找借口不如找方法。

乔在公司工作已经三年了，直到现在还是一个小职员。虽然他本人对此也感到十分苦恼，但却毫无办法。乔的主管看到他这个样子，真有种“朽木不可雕也”的感叹。

这次，公司业务部新拉了两个客户过来，主管想给乔一个升职的机会，就把乔喊到办公室：“这次你去吧，客户都是比较好说话的，只要你能随机应变，就一定能完成工作任务。”乔显得有点犹豫：“我……我……我怕我不行。”主管有点生气了，但还是规劝道：“你看跟你一起进公司的同事，发展最好的已经晋升到总经理的位置了，你还这样，你也得为自己的工作尽份力量，为公司尽点责任。”无奈之下，乔硬着头皮接了下来。

第二天，临出发前，乔来到主管办公室，支支吾吾地说：“主管，看来我真的不行，我怕到时候把这个客户得罪了，把业务丢了就不好办了，你还是另派一个人去吧。”主管气得说不出话来，只是一个劲地叹气。

乔是真的没有能力吗？不，他只是在不断为自己逃避责任而寻找借口，诸如“我不行”“如果把客户得罪了怎么办，把业务丢了怎么办”，等等，这样的说辞其实就是借口。寻找借口的唯一好处，就是把属于自己的过失掩饰了，把应该由自己承担的责任转嫁给社会或他人。这样的人，在公司里不会被老板信任，在社会上也不会成为大家信赖和尊重的人。

不抱怨自己的环境，努力克服困难，不去想过去而是继续去实现自己的梦想。有完整的自尊，无条件地接受每一个人，因为在上帝的眼中，每个人都是平等的，自己不比别人差，别人也不比我好。做一个没有任何借口的人，对自己的才能充满信心。

假如所有的行动就好像发射火箭一样，在发射之前所有的设备、程序等条件都必须全部到位，行动只有在发射瞬间，那这个理由确实是合适的。然而，在现实生活中，如果真的等到全部条件具备之后才开始行动，那就会丧失机会。“条件不具备”其实也是自己逃避责任的借口，以条件不具备作为借口不行动，那只会延误计划，丧失机遇。如果我们觉得自己能力不足，为什么不去寻找自己到底哪里不足，而不是找借口说“我不行”。

面对很多事情，庸者只会说“那个客户太挑剔了，我无法满足他”“我可以早到的，如果不是下雨”“我没有在规定的时间里把事情做完，是因为……”“我没学过”“我没有足够的时间”“现在是休息时间，半小时后你再来电话”“我没有那么多精力”“我没办法这么做”，等等。其实，在每一个借口的背后，都隐藏着丰富的潜台词，那就是逃避困难和责任。不过，如果是智者，他就会说：“我会尽力想办法的。”当许多事情已经成了定局，我们只能寻找方法，而不是寻找借口。

启示

每天，我们需要对自己说：“我是一个不需要借口的人，我对自己的言行负责，我知道活着意味着什么，我的方向很明确，我知道自己的目的，怀着一种使命感做事情。我行为正直、自己做决定并且总是尽自己最大的努力。”

学会对自己的一切行为负责

不找任何借口，它所体现的是一种负责、敬业的工作精神，一种诚实、主动的态度，一种完美、积极的执行力。在西点，他们或许只是军校学生，但走出校门，他们所肩负的将是其他人的生死存亡。在生死攸关之际，借口是毫无意义的。“没有任何借口”的训练，让西点学员养成了不畏惧的决心、坚强的毅力以及完美的执行力。不管自己遭遇了什么样的环境，都必须学会对自己的一切行为负责。

在现实生活中，我们经常会听到这样或那样的借口。当人们做不好一件事情，或者完不成一项任务，就会找很多借口，在借口的遮挡下，他们很容易学会抱怨，推诿，迁怒，甚至愤世嫉俗。最终，他们都没发现，借口就是一个敷衍别人、原谅自己的“挡箭牌”。寻找借口，无疑是掩盖了自己的弱点，推卸了自己的责任。

在生活中，我们要知道，做任何一件事情，只要我们努力去做，即使不成功，也不会留有遗憾，千万不要把借口当作自己的挡箭牌，你不可能一辈子依靠“借口”而活。

失败不需要借口，成功却需要理由。借口是失败的温床，而习惯性的拖欠者通常会成为制造借口的专家。他们经常会为没有做成某些事情而想方设法寻找借口，或许想出各种各样的理由为那些未能按计划完成而辩解。人的一生总会有太多的失败，那些失败的人总是为自己的失误找借口，当他不能完成一件事，总是抱怨“上天不公平”“老板偏心”等，这些看似说得过去的理由其实都不是失败的真正理由，这些只是借口。

懒惰是借口的来源，如果我们不再为自己找借口，那就必须让自己变得勤奋起来。生活给我们每个人一样的平台，谁跑得快，谁就能第一个站在台上接受鲜花和掌声。假如你跑得慢，就只能在后面忍受别人的讥讽。

在通向成功的路上，即便是荆棘满地，也需要咬牙挺过，坚持才是最大的胜利。如果说成功需要理由，那就是不断地坚持，再坚持，不达目的誓不罢休。

成功与失败看起来似乎有天壤之别，但促成它们形成的原因，或许就是一些小小的细节，小小的习惯，比如常常为自己没有完成的事情而寻找借口。失败是没有任何借口的，我们在接受失败这个事实的同时，需要反省自己，而不是为失败寻找借口。当然，成功并不是随随便便就能获得的，我们必须付出艰辛的努力，在成功的道路上，我们要不断为之寻找理由，那些坚持、付出的汗水与艰辛都可以铸就最后的成功。

懒惰是借口的来源。在生活中，人们通常会说："这不是我的原因，是因为他没有做好。""不是我不想学习，是因为我起床晚了一些。""不是我工作不努力，是因为主管看不上我。"这些语言听起来为什么那么熟悉呢？是的，因为我们自己也经常说这样的话，寻找这样的借口来掩饰自己的懒惰。懒惰的人总是不断为自己寻找借口，但借口往往不会帮助你，只会害了你，所寻找的借口越多，你就会变得越懒惰。

在生活中，借口往往成为那些失败者的挡箭牌，比如某件事没办好，就想方设法找一些冠冕堂皇的借口，推卸自己应该承担的责任，以换取别人的理解和原谅，同时自己的心灵也得到暂时的安慰。当今社会的竞争十分激烈，我们每个人都在为自己的未来苦苦打拼。在这个过程中，有人升职了，有人降职了；有人成功了，有人失败了。

当每个人都怀揣着希望站在起跑线上的时候，我相信，我们的憧憬都是一样的，对未来的期待也是一样的。但我们最终的结局却不一样，原因就在于：失败的人总是寻找借口，成功的人总是寻找理由。

懒惰会让人的心灵变得灰暗，会让他对勤奋的人产生嫉妒。一个懒惰的人总是寻找借口，看到别人获得了财富，他会说："他只是比较幸运而已。"看到别人比自己更有才智，他只会说："因为我的天分不如别人。"这样处处为自己寻找借口的人是难以获得成功的。相反，一个永远勤奋而且乐于主动工作的人，将会得到老板甚至每个人的赞许和器重，同时，他还为自己赢得一份重要的礼物——自信。

启示

失败了就不要去寻找借口，失败了就是因为不够坚持，没有付出努力才会失败，如果你总是为失败找借口，那不真实的理由只能逼着我们一次又一次地为自己开脱，最终一次又一次地失败，离成功就好像走不同方向的两个人，永远没有碰面的时候。

用行动诠释“责任与担当”

责任心是指个人对自己和他人、对家庭和集体、对国家和社会，所负责任的认识、情感和信念，以及与之相应的遵守规范、承担责任和履行义务的自觉态度。责任心是一个人应该具备的基本素养，是健全人格的基础，也是德商的组成部分。对于我们来说，责任心是个人价值实现的基础，所以，培养自己的责任心，是对自己的未来发展负责。

一个人只有懂得尊重自己的感情，尊重自己的理想，珍惜自己的年华和生命的活力，才能从自己的理想出发来安排现实生活。责任心的培养是一个人成熟的标志，无论我们做什么事情，都是为自己，如果我们做什么都得不到大家的认可，那么，我们就是对自己不负责任，最终，影响的还是我们自己。

丘吉尔曾这样说过：“伟大的代价，即是责任。”这句话一次又一次被那些为人类幸福而奋斗的人所证实，不懂得负责，不懂得责任重要性的人永远不会成功。而那些凡事能够作出一番成就的人，都是懂得为自己的过失埋单并且敢于承担责任的人。

责任并不是一个美好的词语，它所带给人们的是岩石般的冷峻。当我们熟悉这个词语背后的含义的时候，责任已经作为一份成年的礼物悄然降落在我们的肩上。我们需要时时呵护它，但它所能给予我们的却是灵魂与肉体上的痛苦，这就是责任。虽然，承担责任的过程是痛苦的，但它最终带给我们的却是无价的珍宝——人格的伟大。

司令官要为士兵树立榜样，要为下级的行动负责；同时，下级也要以同样的责任感和行动回报长官。在生活中，当我们能够主动、自觉地尽职尽责，就可以获得满意的情感体验；相反，当你没有责任心，不能尽责的时候，就会产生负疚和不安的情绪。因此，对我们来说，责任心是健全人格的基础，是未来能力发展的催化剂，更是我们成功所必需的一种条件，它能够帮助我们成长和独立。履行自己的义务是责任，承担自己的失败与过错，这也是一种责任。在任何时候，我们都不需要为自己的犯错寻找借口。

有人曾这样说："西点人对待自己工作的那种强烈的责任感是无价之宝。"从少年时代开始，人们就应该学习和养成听从责任的召唤这样一种恭顺的心态，即便生命是有限的，但我们必须听从责任的召唤，直到我们生命的最后一刻。责任，从其最纯碎的形式上说，它具有强制性，以至于一个人在尽职尽责的过程中根本就忘却了自身的存在，这就是责任的核心所在。它要求一个有责任感的人在履行职责的过程中不能患得患失，而应当不折不扣地完成自己的职责。

一个有责任感的人才被信任，这是因为一个有责任感的人总是把事情做得很完美，让人省去了一些不必要的担忧和忧虑。

不管我们处于什么样的环境，唯一不能放弃的就是责任，不管别人对自己是褒还是贬，都要一如既往地走下去，接受了，就意味着你要负责到底。谁放弃了自己的职责和责任，谁就放弃了人生的基石。在西点，从来没有人愿意去做责任的逃兵，从他们进入西点军校那天开始，他们就认定了自己的责任，并且愿意承担自己的责任，永不放弃。

一旦我们接受了某种使命，比如成为了某公司的一名员工，那我们就应该为自己的所作所为负责到底，永远不要成为使命的逃兵，也不要总是抱怨这抱怨那。因为这一切都是我们的责任，如果你总是觉得别人对你的评价是不中肯的，那只能证明你没有履行好自己的职责和责任，这就是西点军校告诉我们的真理。

艾森豪威尔是这样评价的："根据我想象中的制度，美国每一位年轻男子，不论他在生活中的地位如何，也不管他将来有什么计划，都应受 49 周——一年扣除三周假期的军事训练。政府会为他们提供膳宿、服装和其他必需品，不过受训人员只能得到少量的津贴，比如说每个月 5~10 美元，作为零用钱，这样做对于抵制不负责任的行为和防止犯罪大有好处。”其实，西点军校的这个训练还有一个好处就是：那些成长起来的西点学员将随着内心责任感的加深而变得更有原则，不再为诱惑所迷惑，也不会为任何事情而忘记自己的责任。

华盛顿在任职与辞职的时候，他都是以国家和人民的利益为出发点，从来不为个人索取什么，可谓大义所在，为了国家和人民，鞠躬尽瘁，死而后已，而这恰恰是职责与责任的本质所在。为了履行自己的责任，可以不计较个人荣辱得失，心灵不再被迷雾所遮盖，不被任何诱惑吞噬，那我们就可以成为一个有责任感的人。

不管我们处于什么环境，都不要被外界的诱惑所迷惑，一定要坚持自己的使命和职责，这样我们才会成为一个有责任感的人，才能真正地成熟起来。诚然，在履行职责的过程中，我们可能会遇到一些诱惑，心灵会短暂地被迷雾所遮盖，这时如果不坚定自己的信念，就有可能做出一些有违于自己责任感的事情，甚至会破坏自己已经履行的职责。因此，在任何时候，我们都需要坚定的信念，保持高度的责任感，这会让我们抵制外界的诱惑，成功地履行自己的职责。

启示

有人说：“人生所有的履历都必须排在勇于负责的精神之后。”责任感可以让一个人具有最佳的精神状态，精力旺盛地投入工作，并将自己的潜能发挥到极致。正因为这样，在每件事情上，他都格外细致和认真，同时容易赢得他人的信任。

梦想要用行动去实现

拿破仑曾说：“不想当将军的士兵不是好士兵。”大多数人不仅这样想，而且，他们朝着这个方向去做了，虽然，他们中的大多数没有成为将军，但却成为了更优秀的人，这就是理想的动力。

如何才能实现自己的理想？答案是：立即行动。为了实现心中的理想，提高自己的工作效率在于立即行动。

阿尔伯特·哈伯德出生于美国伊利诺州的布鲁明顿，父亲既是农场主又是乡村医生。年轻时的哈伯德曾在巴夫洛公司上班，是一名很成功的肥皂销售商，但是，他却对此感到不满足。1892 年，哈伯德放弃了自己的事业进入了哈佛大学，然后，他又辍学开始到英国徒步旅行，不久之后，哈伯德在伦敦遇到了威廉·莫瑞斯，并喜欢上了莫瑞斯的艺术与手工业出版社。

哈伯德回到美国，他试图找到一家出版社来出版自己的那套《短暂的旅行》的自传体丛书，但是，他没有找到任何一家出版社。于是，他决定自己来出版这套书，他创建了罗依科罗斯特出版社，哈伯德的书出版之后，哈伯德成为了既高产又畅销的作家。随着出版社规模的不断扩大，人们纷纷慕名而来拜访哈伯德，最初游客会在出版社的四周住宿，但随着人越来越多，周围的住宿设施已经无法容纳更多的人了，哈伯德特地盖了一座旅馆，在装修旅馆时，哈伯德让工人做了一种简单的直线型家具，而这种家具受到了游客们的喜欢，哈伯德开始了家具创造业。哈伯德公司的业务蒸蒸日上，同时，出版社出版了《菲士利人》和《兄弟》两份月刊，而随后《致加西亚的信》的出版使哈伯德的影响力达到了顶峰。

有人说，阿尔伯特·哈伯德是无比传奇的一生，他之所以能在多方面获得成功，在于他从来不空想，而是不断地朝着自己的一个又一个理想而努力奋进。阿尔伯特·哈伯德是一位坚强的个人主义者，一生坚持不懈、勤奋努力地工作着，成功对于他来说是理所当然的。

一个人树立远大的理想并不是一件困难的事情，而在于树立理想之后所进行的实际行动。生活在现代社会的我们，从小就接触到“志向”“理想”这样的字眼，当稚嫩的小手写下远大的志向时，我们心中涌起的是兴奋、自豪。

可是，随着时间的流逝，我们曾经立下的远大志向也日渐模糊。工作失去了前进的动力，而我们也丧失了为理想而奋斗的斗志。如果问个人：“你有什么远大的志向？”突然之间，他会觉得茫然失措，在过去的经历中，他曾经立下的远大志向早已千疮百孔。其实，这就是缺少了行动力，我们都忽视了，行动力才是实现理想最佳的途径。

在实现理想的过程中，总是边想边做，深谋远虑，这样才让自己的每一步走得更有意义。在生活中，老人常常说：“做事之前就要想到后面四步。”其实，向前每走一步，我们都需要相应对的方法，如果不能看得那么远，至少我们需要看见一步。做事情，不仅需要稳当、周全，而且不要急于求成，不能只顾眼前利益。在西点有一句流行语：“不打无准备之仗。”简单地说，要想取得战斗的胜利，就必须作好充分的准备，如果准备不充分，打起仗来十有八九是要吃亏的。

凡事须深谋远虑，思考得越周到，就越容易实现自己的理想。从古至今，凡成大事者，无论是帝王还是英雄，他们往往是深谋远虑之人。必须学会深谋远虑，因为思想得周到，巧妙筹划，才得以顾全大局，所谓心中有谋算，迎战时才会有胜算。

启示

每天早上要做的第一件事，对一个人来说就是最重要的那件事情，并使之成为一种习惯。通过大量的研究表明，那些成功人士身上最显著的共性是“说做就做”。一旦他们有了明确的目标，就会立即展开行动，一心一意、持之以恒，直到完成这项工作为止。

参考文献

[1] 慕颜歌 . 让将来的你，感谢现在拼命的自己 [M]. 苏州：古吴轩出版社，2015.

[2] 沐木 . 努力到无能为力，拼搏到感动自己 [M]. 北京：现代出版社，2016.

[3] 陈实，王慧红 . 不负时光，不负梦想 [M]. 南昌：江西人民出版社，2018.

[4] 潘鸿生 . 十年以后，你一定会感谢今天努力的自己 [M]. 北京：北京工业大学出版社，2017.